2025년 시험대비 실기 복원 기출문제 수록

에너지관리기능장
실기 기출문제 총정리

에너지관리기능장 / 위험물기능장 / 가스기능장

최갑규 저

실기 대비 작업형 도면 제공
실기 대비 필답형 예상문제 수록
2004년 ~ 2024년 기출문제 수록 및 완벽 해설
문제 해설을 이해하기 쉽도록 자세히 설명

머리말

우리나라는 급속한 경제성장과 더불어 산업시설의 발달로 에너지 취급이 큰 폭으로 증가하고 있다. 에너지를 취급하는 모든 시설에는 법적으로 자격증을 선임하도록 되어있다.

에너지관리기능장은 자격증 중의 최고의 꽃이라고 할 수 있다.
이에 저자는 에너지관리기능장 실기를 짧은 기간 동안 한 권으로 공부할 수 있도록 기출문제를 완벽·정리하였고 또한 각 문제마다 충분한 해설로 수험생이 최대한 쉽게 이해할 수 있도록 본 교재를 집필하게 되었다.

본서는 국가기술자격시험에서 출제되는 기준과 출제경향을 철저하고 세밀하게 파악·분석하여 시험에 응시하는 모든 수험생들이 가장 쉽고 빠르게 접근할 수 있도록 국가기술자격에 출제되었던 과년도 문제를 체계적으로 복습하게 구성이 되어 있다.

실기 문제를 최대한 많이 수록하려고 노력하였고 최근 출제된 기출문제 중심으로 에너지관리기능장에 대비할 수 있도록 구성하였다.
이에 에너지관리기능장을 공부하시는 여러분께 많은 도움이 되었으면 좋겠고 많은 합격자가 이 책을 통해서 배출 되었으면 하는 바람이다.

마지막으로 본 교재를 집필하는데 있어 오타나 잘못된 내용이 나오지 않도록 최대한 노력을 기울였으나 내용 중에 본의 아니게 미비된 부분이나 오타가 있으면 지속적으로 수정할 것을 약속드리며 수험생 여러분의 최종 합격을 기원하며 본 교재가 출판되도록 도움을 주신 도서출판 세진북스 관계자 여러분께 감사드립니다.

저자 최갑규

출제기준

1. 필 기

직무분야	환경 · 에너지	중직무분야	에너지 · 기상	자격종목	에너지관리기능장	적용기간	2023. 1. 1~2025. 12. 31

• 직무내용 : 건물용 및 산업용 보일러의 시공, 취급 및 에너지관리에 관한 숙련기술을 가지고 현장에서 작업관리, 기능인력의 지도, 감독, 현장훈련, 안전 · 환경관리, 경영층과 생산계층을 유기적으로 연계시켜 주는 현장관리 등을 수행하는 직무이다.

필기검정방법	객관식	문제수	60	시험시간	1시간

필기 과목명	문제수	주요항목	세부항목	세세항목
보일러구조학, 보일러시공, 보일러취급 및 안전관리, 유체역학 및 열역학, 배관공학, 보일러 재료, 에너지이용합리화 관계법규, 공업경영에 관한 사항	60	1. 보일러 구조	1. 보일러 종류	1. 사용재질에 따른 종류 2. 구조에 따른 종류 3. 사용매체에 따른 종류 4. 사용연료에 따른 종류 5. 순환방식에 따른 종류
			2. 보일러 특성	1. 보일러의 구조 2. 보일러의 특성
			3. 보일러 용량	1. 보일러 정격용량 2. 보일러 출력
			4. 보일러 급수장치	1. 급수펌프의 구비조건 2. 급수펌프의 종류, 구조 및 특성 3. 급수펌프의 동력계산
			5. 보일러 안전장치	1. 안전밸브 및 방출밸브 2. 가용전 및 방폭문 3. 고 · 저수위경보장치 4. 화염검출기 5. 압력제한기 및 압력조절기 6. 증기 및 배기가스 상한온도 스위치 7. 가스누설 긴급 차단밸브
			6. 보일러 계측장치	1. 수면계 2. 압력계 3. 수위계 4. 온도계 5. 급수량계, 급유량계, 가스미터기 등 6. 가스분석기
			7. 보일러 송기장치	1. 증기밸브, 증기관 및 감압밸브 2. 비수방지관 및 기수분리기 3. 증기 축열기
			8. 보일러 연소장치	1. 고체연료 연소장치 2. 액체연료 연소장치 3. 기체연료 연소장치
			9. 보일러 연료	1. 고체 연료의 종류 및 특성 2. 액체 연료의 종류 및 특성 3. 기체 연료의 종류 및 특성
			10. 연소계산	1. 연소의 성상 2. 연료의 발열량 계산 3. 이론 산소량, 공기량, 공기비 등의 계산 4. 연소가스량 계산
			11. 송풍장치	1. 통풍방식 2. 송풍기의 종류 및 특성 3 송풍기 소요동력 4. 댐퍼, 연도 및 연돌, 소음기
			12. 집진장치 및 유해가스 저감 대책	1. 집진장치의 종류 및 특징 2. NOx, SOx, CO, 분진 저감방법
			13. 열효율 증대장치	1. 공기예열기 2. 급수예열기(절탄기)
			14. 기타 부속장치	1. 그을음 제거기(soot blower) 2. 분출장치 3. 증기 과열기 및 재열기

필기 과목명	문제수	주요항목	세부항목	세세항목
			15. 보일러 자동제어	1. 자동제어의 종류와 제어방식 2. 자동제어 기기 3. 보일러 자동제어 요소와 특성 4. 각종 인터록 장치 5. O_2 트리밍 시스템(공연비제어장치) 6. 원격제어 및 에너지관리
			16. 보일러 열효율 열정산	1. 보일러 열효율 등의 계산 2. 보일러 열정산 3. 에너지 진단
		2. 보일러 시공	1. 부하의 계산	1. 난방 및 급탕부하의 종류 2. 난방 및 급탕부하의 계산 3. 보일러의 용량 결정
			2. 난방설비	1. 증기난방 2. 온수난방 3. 복사난방 4. 지역난방 5. 열매체난방 6. 전기난방
			3. 배관시공	1. 증기난방 2. 온수난방 3. 복사난방 4. 열매체난방 5. 전기난방 6. 연도설비
			4. 난방기기	1. 방열기 2. 팬코일유니트 3. 콘백터 등
			5. 보일러설치, 시공 및 검사기준	1. 보일러 설치 · 시공기준 2. 보일러 설치검사기준 3. 보일러 계속사용 · 개조검사기준 4. 보일러 운전성능 검사기준 5. 설치장소 변경검사 기준
		3. 보일러 취급 및 안전관리	1. 보일러 운전 및 조작	1. 보일러 운전조작 2. 보일러 운전 중의 장애 3. 사용정지 시 취급 4. 부속장치 취급 5. 콘덴싱보일러의 중화처리장치
			2. 보일러 세관 및 보존	1. 보일러 세관의 종류, 방법 및 특징 2. 보일러 보존방법 및 특징
			3. 보일러 급수처리	1. 보일러 급수 수질 및 특성 2. 보일러 급수의 외처리
			4. 보일러 관수처리	1. 보일러수 내처리 특성, 청관제 종류 및 사용방법 2. 보일러 세관
			5. 보일러 연소관리	1. 연소장치 정비 2. 이상연소 조정
			6. 보일러 손상과 방지대책	1. 보일러 손상의 종류와 특징 2. 보일러 손상 방지대책
			7. 보일러 사고와 방지대책	1. 보일러 사고의 종류와 특징 2. 보일러 사고 방지대책
			8. 안전관리 일반	1. 안전일반 2. 작업 및 공구 취급 시의 안전 3. 화재방호
			9. 환경관리 일반	1. 배기가스 관리 2. 배출수 관리
		4. 유체역학 및 열역학 기초	1. 유체의 기본성질	1. 밀도, 비중량, 비체적, 비중 2. 유체의 점성
			2. 유체정역학	1. 압력의 정의 및 측정 2. 정지유체 속에서의 압력 3. 유체 속에 잠긴 면에 작용하는 힘
			3. 관로 속의 유체 흐름	1. 연속 방정식 2. 베르누이 방정식 3. 유량 계산

필기 과목명	문제수	주요항목	세부항목	세세항목
			4. 열의 기본성질	1. 온도와 열량, 비열 2. 일, 동력, 에너지
			5. 열전달	1. 열전달의 종류와 특징 2. 전도, 대류 및 복사 계산 3. 열관류 등 계산
			6. 열역학 법칙	1. 열역학 법칙의 정의 2. 엔탈피, 엔트로피
			7. 증기의 성질	1. 증기의 일반적 성질 2. 증기표 및 증기선도, 상태 변화 3. 증기사용량 계산
		5. 배관공작	1. 관재료	1. 관의 종류 및 특징 2. 관이음쇠의 종류 및 특징
			2. 밸브 및 기타 배관부속	1. 밸브의 종류 및 특징 2. 기타 배관부속 종류 및 특징 3. 감압 밸브 및 온도조절밸브 4. 증기 트랩 5. 신축이음
			3. 배관작업기계 및 공구	1. 강관작업용 기계 및 공구 2. 동관 등 기타 관 작업용 공구
			4. 배관작업	1. 강관 이음 작업 2. 동관 등 기타 관 이음 작업
			5. 배관의 지지	1. 배관지지의 종류 및 특징 2. 배관의 신축
			6. 배관시공법	1. 온수배관 시공 2. 증기배관 시공 3. 기타배관 시공
			7. 절단	1. 각종 관의 절단 방법 및 특징
			8. 용접	1. 아크 용접 2. 가스 용접 3. 알곤 용접
			9. 배관제도	1. 도면 해독법
		6. 보일러 재료	1. 보일러용 금속재료	1. 강재 및 주철의 종류 및 특성 2. 비철금속 종류 및 특성
			2. 내화재, 보온재, 단열재	1. 내화재의 종류와 특성 2. 보온재의 종류와 특성 3. 단열재의 종류와 특성
			3. 방청도료 및 패킹재료	1. 방청도료의 종류와 특성 2. 패킹재의 종류와 특성
		7. 관련 법규	1. 에너지법	1. 법, 시행령, 시행규칙
			2. 에너지이용합리화법	1. 법, 시행령, 시행규칙
			3. 열사용기자재의 검사 및 검사면제에 관한 기준	1. 특정열사용기자재 2. 검사대상기기의 검사 등
			4. 건설산업 기본법	1. 열사용기자재 시공업 등록 등
			5. 신에너지 및 재생에너지 개발이용보급촉진법	1. 법, 시행령, 시행규칙
			6. 기계설비법	1. 에너지관리 관련 기계설비 기술기준
		8. 공업경영	1. 품질관리	1. 통계적 방법의 기초 2. 샘플링 검사 3. 관리도
			2. 생산관리	1. 생산계획 2. 생산통제
			3. 작업관리	1. 작업방법연구 2. 작업시간연구
			4. 기타 공업경영에 관한 사항	1. 기타 공업경영에 관한 사항

2. 실 기

| 직무분야 | 환경 · 에너지 | 중직무분야 | 에너지 · 기상 | 자격종목 | 에너지관리기능장 | 적용기간 | 2023. 1. 1~2025. 12. 31 |

- **직무내용**: 건물용 및 산업용 보일러의 시공, 취급 및 에너지관리에 관한 숙련기술을 가지고 현장에서 작업관리, 소속 기능인력의 지도, 감독, 현장훈련, 안전 · 환경관리, 경영층과 생산계층을 유기적으로 연계시켜 주는 현장관리 등을 수행하는 직무이다.
- **수행준거**:
  1. 열부하에 맞는 보일러를 선정하고 관리를 할 수 있다.
  2. 보일러 및 부대설비의 도면을 작성 · 해독하고 적산할 수 있다.
  3. 보일러를 설치 시공할 수 있고, 지도 및 관리 감독할 수 있다.
  4. 보일러 점검, 조작 및 고장원인을 진단하고 사고예방 및 유지관리를 할 수 있다.

| 실기검정방법 | 복합형 | 시험시간 | 7시간 정도(필답형 : 2시간, 작업형 : 5시간 정도) |

실기 과목명	주요항목	세부항목	세세항목
보일러 시공, 취급 실무	1. 보일러 시공 실무	1. 난방 및 급탕부하 설계하기	1. 난방 및 급탕부하를 계산할 수 있다. 2. 난방 및 급탕설비를 설계할 수 있다.
	2. 시운전	2. 급 · 배수설비 시운전하기	1. 급 · 배수설비의 시운전 계획을 수립하고 준비할 수 있다. 2. 급 · 배수설비가 정상적으로 설치되었는지 확인할 수 있다. 3. 급 · 배수설비의 밸브 등의 개폐상태가 정상인지 확인할 수 있다. 4. 급 · 배수설비의 제어밸브, 센서 등이 정상적으로 설치 완료되었는지 확인할 수 있다. 5. 급수 등의 공급상태가 정상인지 판단할 수 있다. 6. 시운전시 발생할 수 있는 문제를 예측하고 안전대책을 수립할 수 있다. 7. 시운전 후 비정상일 때 그 원인을 파악하여 수정 및 보완할 수 있다.
	3. 자동제어설비 설치	1. 보일러제어설비 설치하기	1. 보일러 및 보일러 설비의 제어시스템을 파악할 수 있다. 2. 보일러제어설비의 설계도서, 설계도면을 파악 및 검토할 수 있다. 3. 보일러제어설비의 설치계획을 수립할 수 있다. 4. 보일러제어설비의 구성장치의 기능을 파악할 수 있다.
		2. 급 · 배수제어 설비 설치하기	1. 급수설비, 배수설비의 제어시스템을 파악할 수 있다. 2. 급 · 배수제어설비의 설계도서, 설계도면을 파악 및 검토할 수 있다. 3. 급 · 배수제어설비의 설치계획을 수립할 수 있다. 4. 급 · 배수제어설비의 구성장치의 기능을 파악할 수 있다. 5. 급 · 배수제어설비설치에 따른 설계의 적합성을 검토할 수 있다.
	4. 열원설비설치	1. 급수설비 설치하기	1. 급수 방식을 파악하고 급수설비의 배관재료, 시공법을 파악할 수 있다. 2. 급수설비의 설계도서 및 도면을 파악하고 급수설비 설치에 따른 공정계획서를 작성할 수 있다. 3. 급수설비를 적산할 수 있다. 4. 급수배관을 설계도서대로 설치하고 배관 및 용접, 기밀시험, 보온 등을 할 수 있다. 5. 급수설비설치에 따른 설계의 적합성을 검토할 수 있다.
		2. 연료설비 설치하기	1. 사용하는 연료(위험물 및 LNG, LPG, 도시가스 등)의 특성 및 위험성을 확인하여 공급방식과 시공방법을 파악할 수 있다. 2. 연료설비의 설계도서 및 도면을 파악하고 연료설비 설치에 따른 공정계획서를 작성할 수 있다. 3. 연료설비를 적산할 수 있다. 4. 연료설비를 설계도서대로 설치하고 배관 및 용접, 기밀시험, 보온 등을 할 수 있다. 5. 연료설비 설치에 따른 설계의 적합성을 검토할 수 있다.
		3. 통풍장치 설치하기	1. 통풍방식에 따른 현장 설치여건 및 설계도서를 파악하여 공정계획서를 작성할 수 있다. 2. 통풍장치를 적산할 수 있다. 3. 통풍장치를 설계도서대로 설치하고 설계의 적합성을 검토할 수 있다. 4. 송풍기 및 덕트, 연돌 등의 설치에 따른 문제점을 사전에 검토할 수 있다.

실기 과목명	주요항목	세부항목	세세항목
		4. 송기장치 설치하기	1. 증기의 특성을 파악할 수 있다. 2. 송기장치의 시공방법 및 설계도서를 파악하고 설치에 따른 공정계획서를 작성할 수 있다. 3. 송기장치를 적산할 수 있다. 4. 송기장치를 설계도서대로 설치하고 배관 및 용접, 기밀시험, 보온 등을 할 수 있다. 5. 송기장치설치에 따른 설계의 적합성을 사전에 검토할 수 있다.
		5. 에너지절약장치 설치하기	1. 각종 에너지절약장치의 특성을 확인하고 현장 설치여건을 파악할 수 있다. 2. 에너지절약장치의 설계도서를 파악하여 설치에 따른 공정계획서를 작성할 수 있다. 3. 에너지절약장치를 적산할 수 있다. 4. 에너지절약장치를 설계도서대로 설치하고 설계의 적합성을 검토할 수 있다.
		6. 증기설비 설치하기	1. 압력에 따른 증기의 특성을 확인하고 증기설비의 시공방법 및 설계도서를 파악할 수 있다. 2. 증기설비 설치에 따른 공정계획서를 작성할 수 있다. 3. 증기설비를 적산할 수 있다. 4. 증기설비를 설계도서대로 설치하고 배관 및 용접, 기밀시험, 보온 등을 할 수 있다. 5. 응축수 발생에 따른 문제점을 사전에 검토할 수 있다. 6. 증기설비설치에 따른 설계의 적합성을 검토할 수 있다.
		7. 증기설비 설치하기	1. 압력에 따른 증기의 특성을 확인하고 증기설비의 시공방법 및 설계도서를 파악할 수 있다. 2. 증기설비 설치에 따른 공정계획서를 작성할 수 있다. 3. 증기설비를 적산할 수 있다. 4. 증기설비를 설계도서대로 설치하고 배관 및 용접, 기밀시험, 보온 등을 할 수 있다. 5. 응축수 발생에 따른 문제점을 사전에 검토할 수 있다. 6. 증기설비설치에 따른 설계의 적합성을 검토할 수 있다.
		8. 난방설비 설치하기	1. 각 난방방식의 특성과 시공법을 확인하고 난방설비의 설계도서를 파악할 수 있다. 2. 난방설비 설치에 따른 공정계획서를 작성할 수 있다. 3. 난방설비를 적산할 수 있다. 4. 난방설비를 설계도서대로 설치하고 배관 및 용접, 기밀시험, 보온 등을 할 수 있다. 5. 난방설비설치에 따른 설계의 적합성을 검토할 수 있다.
		9. 급탕설비 설치하기	1. 급탕방식 및 배관방식을 확인하고 급탕설비의 배관재료 및 시공방법을 파악할 수 있다. 2. 급탕설비의 설계도서를 파악하고 급탕설비 설치에 따른 공정계획서를 작성할 수 있다. 3. 급탕설비를 적산할 수 있다. 4. 급탕탱크 및 펌프, 배관 등을 설계도서대로 설치하고 배관 및 용접, 기밀시험, 보온 등을 할 수 있다. 5. 급탕설비설치에 따른 설계의 적합성을 검토할 수 있다.
	5. 에너지관리	1. 단열성능 관리하기	1. 무기질 보온재, 유기질 보온재의 특징을 확인하고 고온유체와 저온유체의 열이동 ,보온, 보냉, 방로 시공 등을 분류할 수 있다.
		2. 에너지사용량 분석하기	1. 계측기 보전사항을 파악하고, 정기 및 일상검사를 통하여 에너지사용량을 확인할 수 있다. 2. 시간대별, 일일, 월별, 계절별, 년간, 년도별로 에너지 사용량을 집계 분석할 수 있다. 3. 유사 건물과 유사 장비별로 비교 검증하여 에너지별 단위를 통합 TOE로 환산 분석할 수 있다.

실기 과목명	주요항목	세부항목	세세항목
	6. 유지보수공사	1. 보일러설비 유지보수공사 하기	1. 보일러 및 부속설비는 사용연수, 가동시간을 기록하고, 각 장치별 성능 저하, 마모, 기능불량 발생 시 보수공사를 검토한 후 추진할 수 있다. 2. 보일러 본체 및 부속설비의 법정 제조사 내구연한을 참고하여 기한도 래, 성능저하시 교체할 수 있다. 3. 난방부하, 급탕부하, 배관부하, 예열부하를 고려하여 보일러 정격출력의 용량선정을 할 수 있다. 4. 사용처별 열부하를 계산하여 작성하고, 각 기기별 용량선정과 관경을 결정할 수 있다. 5. 보수공사 대상 장치, 기기류의 기능과 역할을 이해하고 사양을 결정할 수 있다. 6. 열사용설비의 전체계통을 파악하고, 단위별 시공 상세 도면을 작성할 수 있다. 7. 각 공사 단위별 품셈에 의한 물량산출 및 단가조사를 통해 공사원가를 산출할 수 있다. 8. 공사방법과 공사일정을 수립하고, 작업시 주의사항에 대해 설명할 수 있다. 9. 공정표에 의해 공사관리 감독을 수행하고, 안전관리 계획에 의한 위험 요소를 발견하여 제거할 수 있다.
		2. 배관설비 유지보수 공사하기	1. 내구연한을 조사하고, 보수공사 기준, 공사 매뉴얼, 절차서 등을 파악할 수 있다. 2. 배관공사는 내구연한을 파악하고 재질과 관에 흐르는 유체의 성질에 따라 교체 및 보수공사를 결정할 수 있다. 3. 배관도면 해독 및 배관적산 방법, 공사비구성 등을 파악할 수 있다. 4. 배관계통에 설치하는 각종 기기류의 기능과 역할 및 사양을 파악하고, 설치방법과 주의사항을 고려하여 유지보수공사를 수행할 수 있다. 5. 배관재질, 구경, 사용압력, 사용온도, 용도에 따라 배관의 접합방법을 결정할 수 있다. 6. 각 공사의 단위별 품셈에 의한 물량산출 및 단가조사를 통해 공사원가를 산출할 수 있다. 7. 배관설비 전체계통 파악하여 시방서 및 절차서, 시공 상세 도면을 작성할 수 있다. 8. 공사도면, 시방서, 공사범위 등 과업내용을 현장 설명할 수 있다. 9. 공사계획을 수립하고, 공정별 고려사항을 확인할 수 있다. 10. 공정표에 의해 공사 감독을 수행하고, 안전관리 계획에 의한 위험요소를 발굴 및 제거할 수 있다.
		3. 덕트설비 유지보수 공사하기	1. 내구연한을 조사하고, 보수공사 기준, 공사 매뉴얼, 절차서 등을 파악할 수 있다. 2. 내구연한을 파악하고 덕트의 재질과 두께에 따라 교체 및 보수공사를 결정할 수 있다. 3. 풍량과 마찰손실에 따른 덕트관경 및 장방형 덕트의 상당직경을 결정할 수 있다. 4. 도면해독 및 덕트전산 방법, 공사비구성 등을 파악하고 활용할 수 있다. 5. 덕트계통에 설치하는 각종 기기류의 기능과 역할을 파악하고 사양을 결정, 설치방법 및 주의사항 등을 고려하여 유지보수공사를 수행할 수 있다. 6. 덕트이음시 모서리 세로움, 피츠버그룩, 플랜지 이음과 형상보강 등을 사용할 수 있다. 7. 덕트의 형태를 변형하는 경우에는 적정 각도를 파악하고 적정치 이상일 경우 가이드 베인을 설치할 수 있다. 8. 각 공사 단위별 품셈에 의한 물량산출 및 단가조사 통해 공사원가를 산출할 수 있다. 9. 덕트설비 전체계통 파악하고 시방서 및 절차서, 시공 상세 도면을 작성할 수 있다. 10. 공사도면, 시방서, 공사범위 등 과업내용을 현장 설명할 수 있다. 11. 공사계획을 수립하고, 덕트설치 고려사항에 대하여 파악할 수 있다. 12. 공정표에 의해 공사 감독을 수행하고, 안전관리 계획에 의한 위험요소

실기 과목명	주요항목	세부항목	세세항목
			를 발굴 제거할 수 있다.
		4. 정비·세관작업 하기	1. 증기보일러의 경우, 에너지합리화법에 의거 최초 설치검사 후 정기적으로 계속사용안전검사를 준비 및 수검할 수 있다. 2. 보일러 개방검사 시 주요기기 등을 분해하여 보일러 내부 튜브 상태 등 스케일 및 부속장치 이상 유무를 확인할 수 있다. 3. 보일러 성능검사 시 운전검사를 통하여 효율을 측정한 후 기준보다 효율이 저하되면 노후 대체할 수 있다. 4. 보일러에 공급되는 도시가스 설비 설치시 공급자 자체검사 및 가스안전공사 완성검사에 합격하고 매년 정기검사를 수행할 수 있다.
	7. 유지보수 안전관리	1. 안전작업하기	1. 장치 및 설비점검보수 작업 전 이상 유무를 점검할 수 있다. 2. 장치 및 설비보수 작업 시 필요한 보호장구를 착용하고 용도에 적합한 수공구를 사용할 수 있다. 3. 무리한 공구 취급은 금하고 사용 후 일정한 장소에 보관하고 점검할 수 있다. 4. 모든 공구는 반드시 목적 이외의 용도로 사용하지 않고 규격품을 사용할 수 있다.
	8. 열원설비운영	1. 보일러 관리하기	1. 보일러의 본체, 연소장치, 부속장치 등에 대하여 파악할 수 있다. 2. 보일러의 종류를 파악하고 특성에 맞게 운영 및 관리할 수 있다. 3. 보일러 관리 내용을 연료관리, 연소관리, 열사용관리, 작업 및 설비관리, 대기오염, 수처리 관리 등으로 분류하여 효율적으로 수행할 수 있다. 4. 에너지합리화법, 시행령, 시행규칙 등 관련법규를 파악할 수 있다. 5. 보일러와 구조물 및 연료 저장 탱크와의 거리, 각종 밸브 및 관의 크기, 안전밸브 크기 등 설치기준을 파악하고 관리할 수 있다. 6. 보일러 용량별 열효율표 및 성능 효율에 대해 파악하고 관리할 수 있다.
		2. 부속장비 점검하기	1. 보일러 부속장치의 종류와 기능 및 역할에 대하여 구분하고 파악할 수 있다. 2. 송기장치, 급수장치, 폐열회수장치 등의 특성을 파악하여 기능을 점검할 수 있다. 3. 분출장치의 필요성, 분출시기, 분출할 때 주의사항, 분출방법 등 파악하여 필요시 분출밸브와 분출 콕을 신속히 열어줄 수 있다. 4. 수면계 부착위치, 수면계 점검시기, 점검순서, 수면계 파손원인, 수주관 역할 등을 확인하고 점검할 수 있다. 5. 급수펌프의 구비조건에 대해서 파악하고 펌프 공동현상의 원인을 분석하여 공동현상 방지법을 이행할 수 있다. 6. 보일러 프라이밍, 포밍, 기수공발의 장애에 대해 파악 조치사항을 수행할 수 있다.
		3. 보일러 가동 전 점검하기	1. 난방설비운영 및 관리기준, 보일러 가동전 점검사항에 대하여 확인할 수 있다. 2. 가동전 스팀배관의 밸브 개폐상태를 점검할 수 있다. 3. 스팀헷더를 점검하여 응축수가 있을 경우 배출하여 워터해머를 방지할 수 있다. 4. 가스누설여부 점검하고 배관 개폐상태를 점검할 수 있다. 5. 주증기밸브의 개폐상태를 확인하고 자체압력의 이상유무를 확인할 수 있다. 6. 수면계의 정상유무를 확인하고 급수측 밸브 개폐상태, 수량계 이상유무를 확인할 수 있다. 7. 보일러 컨트롤 판넬의 각종 스위치 상태 확인 MCC 판넬의 ON확인, 기동상태를 점검할 수 있다.
		4. 보일러 가동 중 점검하기	1. 보일러 운전 순서를 파악하고 수행할 수 있다. 2. 보일러 점화가 불시착(소화) 시 원인 파악 후 충분히 프리퍼지하여 다시 가동할 수 있다. 3. 수면계, 압력계 등의 정상 여부를 확인 및 점검할 수 있다. 4. 급수펌프의 정상 작동 여부, 수위 불안정이 있는지 확인하고 점검할 수 있다. 5. 송풍기 가동상태, 화염상태의 색상(오렌지색)을 확인할 수 있다.

실기 과목명	주요항목	세부항목	세세항목
			6. 헤더 및 배관 수격작용은 없는지 점검 및 확인할 수 있다. 7. 응축수탱크의 상태를 확인하고 경수연화장치의 정상 작동 여부에 대하여 점검 및 확인할 수 있다 8. 급수펌프 가동시 소음, 누수여부와 각종 제어판넬 상태를 점검, 확인할 수 있다. 9. 보일러 정지순서를 파악하여 컨트롤 판넬 스위치를 Off, 소화 후 일정시간 송풍기로 프리퍼지하고 연소실, 연도에 있는 잔류가스를 배출하여 폭발위험이 없도록 관리할 수 있다.
		5. 보일러 가동 후 점검하기	1. 보일러 컨트롤 판넬은 Off 상태로 되어 있는지 점검 및 확인할 수 있다. 2. 수면계수위상태를 파악하여 압력이 남아있는 경우 계속 급수 여부를 확인할 수 있다. 3. 가스공급계통 연료밸브의 개폐여부를 확인할 수 있다. 4. 보일러실의 각종 밸브류를 확인할 수 있다. 5. 보일러 운전일지를 기록하고 특이사항을 인수인계할 수 있다.
		6. 보일러 고장 시 조치하기	1. 수면계의 수위 부족에도 불구하고 버너가 정지하지 않을 경우 즉시 정지하고 스위치 불량 원인을 제거할 수 있다. 2. 수위 부족에도 버너가 정지하지 않고 계속 운전되어 히터 본체가 과열로 판단될 경우 버너를 정지, 본체를 냉각시킬 수 있다. 3. 정상운전 중 정전 발생 시 버너 순환펌프 스위치를 정지시키고, 복전되면 수위확인 후 운전을 개시할 수 있다. 4. 연료가 불착화 정지시 불시착 원인을 제거 후 재가동 시킬 수 있다. 5. 모터 과부하로 정지될 경우 과대한 전류가 흐르게 되면 서모릴레이가 작동되어 버너가 정지됨을 확인할 수 있다. 6. 히터온도 과열정지 될 경우 온수온도 조절 스위치가 불량임을 확인할 수 있다. 7. 저수위차단 팽창탱크에 부착된 수위조절기, 보급수 전자변이 이상이 생기면 연료공급차단 전자변이 닫히고 버너가 정지되는 것을 확인할 수 있다.
		7. 증기설비 관리하기	1. 증기의 특성을 파악하여 증기량과 압력에 따라 배관구경을 결정할 수 있다. 2. 응축수량을 산출하여 배관구경을 결정할 수 있다. 3. 증기배관 구경에 따라 선도를 보고 증기통과량을 구할 수 있다. 4. 배관에서 증기의 장애 워터 해머링에 대해 파악하고 방지할 수 있다. 5. 증기배관의 감압밸브, 증기트랩, 스트레이너 등의 작동상태를 점검할 수 있다. 6. 증기배관 신축장치 볼트 너트를 견고하게 설치하고, 정상 작동 여부를 확인할 수 있다. 7. 증기배관 및 밸브의 손상, 부식, 자동밸브, 계기류 작동상태를 점검 및 확인할 수 있다. 8. 증기배관의 보온상태 점검 및 확인할 수 있다. 9. 증기배관의 적산 및 수선비를 산출할 수 있다.
		8. 수처리 관리하기	1. 보일러 청관제 자동 주입장치의 역할과 기능을 파악하여 운전 및 관리할 수 있다. 2. 청관제의 내처리 방법에 대하여 파악하고 관리할 수 있다. 3. 수처리 관리를 위하여 약품자동주입 장치 설치, 주기적인 청소, 점검을 실시할 수 있다.
		9. 연료장치 관리하기	1. 취급 부주의 시 누출 위험성에 대비하여 도시가스 사용시설관리 및 기술기준에 적합하게 점검 및 관리할 수 있다. 2. 도시가스 기술검토서를 통하여 안전관리를 수행할 수 있다. 3. 매년 1회 실시하는 도시가스 정기검사를 통하여 가스사용시설이 적합하게 설치, 유지관리 되고 있는지 확인할 수 있다. 4. 설비의 작동상황을 주기적으로 점검하고 이상이 있을 경우 대응하는 보수조치를 할 수 있다.

차례

제 1 부   작업형 도면해독 및 실전문제

도면해독 문제
- 제 01 회 ······ 16
- 제 02 회 ······ 18
- 제 03 회 ······ 20
- 제 04 회 ······ 22

실전 도면문제
- 실전문제 1 ······ 24
- 실전문제 2 ······ 25
- 실전문제 3 ······ 26

관길이 산출법 ······ 27

제 2 부   필답형 예상문제

필답형 예상문제
- 제 01 회 ······ 30
- 제 02 회 ······ 37
- 제 03 회 ······ 45
- 제 04 회 ······ 52
- 제 05 회 ······ 60
- 제 06 회 ······ 67
- 제 07 회 ······ 74
- 제 08 회 ······ 81
- 제 09 회 ······ 87
- 제 10 회 ······ 94
- 제 11 회 ······ 100
- 제 12 회 ······ 108
- 제 13 회 ······ 115
- 제 14 회 ······ 122
- 제 15 회 ······ 129

Contents

제 3 부 필답형 기출문제

2004년도	제 36 회	138
2005년도	제 38 회	144
2008년도	제 43 회	151
	제 44 회	158
2009년도	제 45 회	165
	제 46 회	171
2010년도	제 47 회	176
	제 48 회	181
2011년도	제 49 회	187
	제 50 회	193
2012년도	제 51 회	199
	제 52 회	204
2013년도	제 53 회	209
	제 54 회	214
2014년도	제 55 회	219
	제 56 회	223
2015년도	제 57 회	228
	제 58 회	234
2016년도	제 59 회	241
	제 60 회	247
2017년도	제 61 회	253
	제 62 회	257

2018년도	제 63 회	262
	제 64 회	268
2019년도	제 65 회	274
	제 66 회	280
2020년도	제 67 회	286
	제 68 회	292
2021년도	제 69 회	298
	제 70 회	304
2022년도	제 71 회	310
	제 72 회	316
2023년도	제 73 회	322
	제 74 회	328
2024년도	제 75 회	334
	제 76 회	340

에너지관리기능장 실기

제 1 부

작업형 도면해독 및 실전문제

도면해독 문제 제 01 회

Question 01

다음 보일러 계략도를 보고 물음에 답하시오.

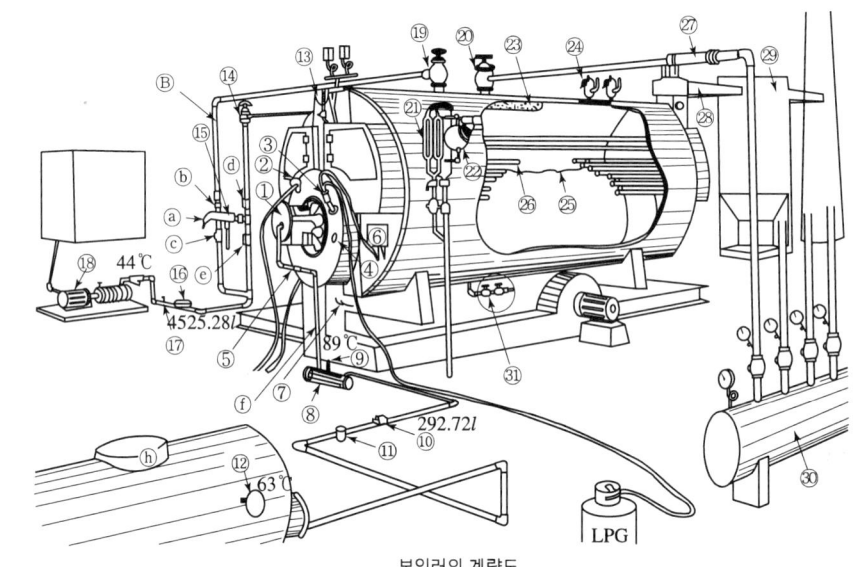

보일러의 계략도

가. 이 보일러의 구조상 형식(종류)은?

나. 이 보일러의 1차 점화원과 2차 점화원을 각각 쓰시오.

다. 15, 20, 21, 23의 명칭을 쓰시오.

라. 26번의 내부를 통과하는 유체는?

마. 사용처에 적합한 증기압과 증기량을 보냄으로서 불필요한 증기손실을 방지하기 위해 설치하는 것의 번호 및 명칭을 쓰시오.

해설 & 답

가. 노통연관식 보일러
나. 1차점화원 : LP가스, 2차점화원 : 중유
다. ⑮ 인젝터 ⑳ 주증기밸브 수면계 비수방지관
라. 연소가스
마. 번호 : 30 명칭 : 증기헷더

Question 02

다음 그림에서 인젝터에 의한 급수를 중단하려고 한다. Ⓐ, Ⓑ, Ⓓ, Ⓔ를 어떤 순서로 조작하는지 쓰시오. (단, Ⓒ는 닫힌 상태임)

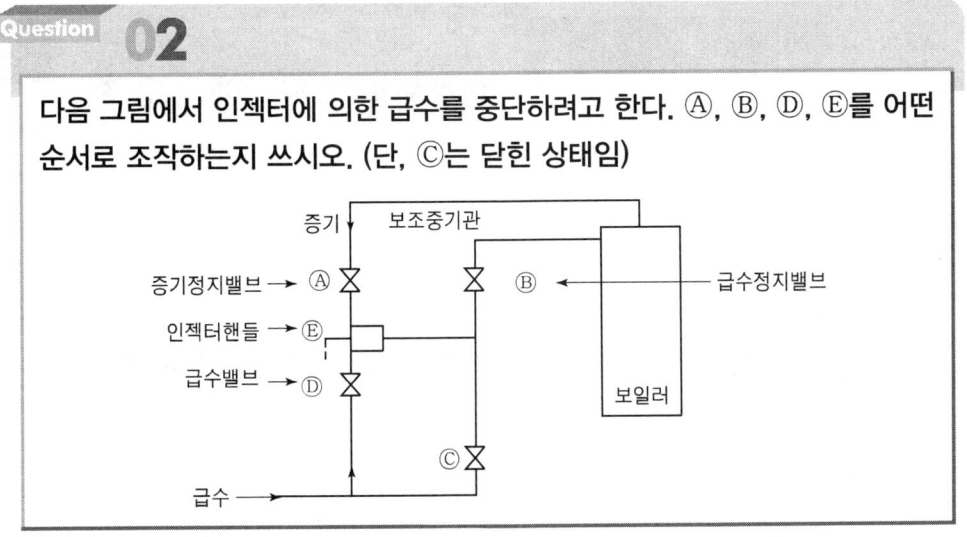

해설 & 답

E, D, A, B

도면해독 문제 제 02 회

Question 01

다음 도면은 노통연관식 보일러의 구조 및 부속장치를 나타낸 것이다. ①~⑫ 까지의 명칭을 쓰시오.

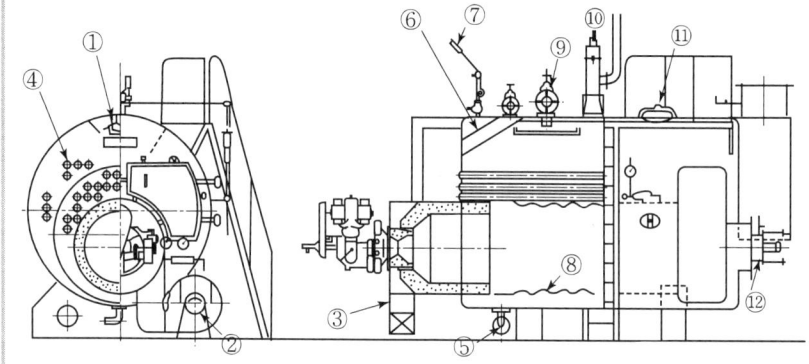

해설 & 답

① 비수방지관(증기배관) ② 송풍기
③ 수면계 ④ 연관
⑤ 수저분출관 ⑥ 가젯트스테이
⑦ 압력계 ⑧ 파형노통
⑨ 주증기관 ⑩ 안전변
⑪ 맨홀 ⑫ 방폭문

Question 02

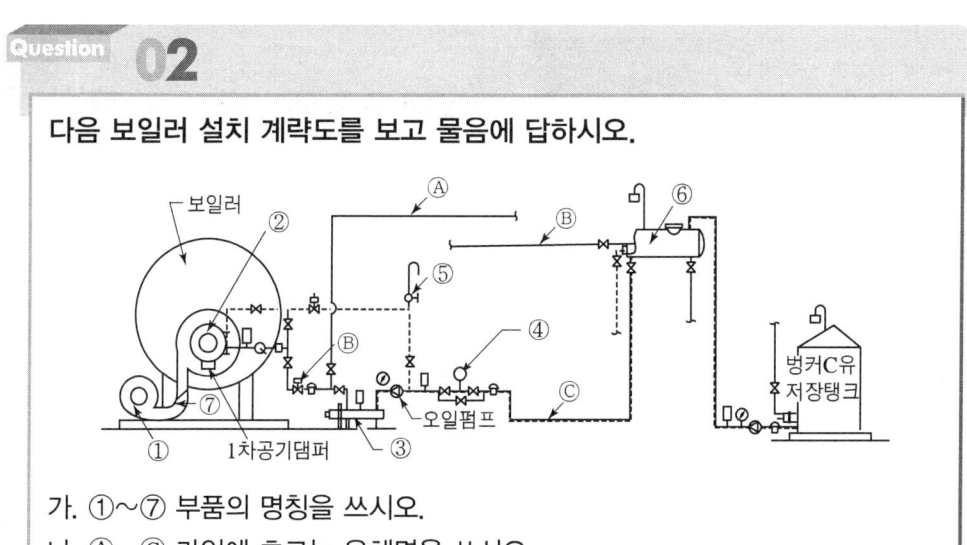

다음 보일러 설치 계략도를 보고 물음에 답하시오.

가. ①~⑦ 부품의 명칭을 쓰시오.
나. Ⓐ~ⓒ 라인에 흐르는 유체명을 쓰시오.

Explanation & Answer

가. ① 송풍기   ② 오일버너   ③ 오일프리히터   ④ 급유량계
   ⑤ 공기빼기밸브   ⑥ 써어비스탱크   ⑦ 오차공기댐퍼
나. Ⓐ 경유   Ⓑ 증기   ⓒ 중유

Question 03

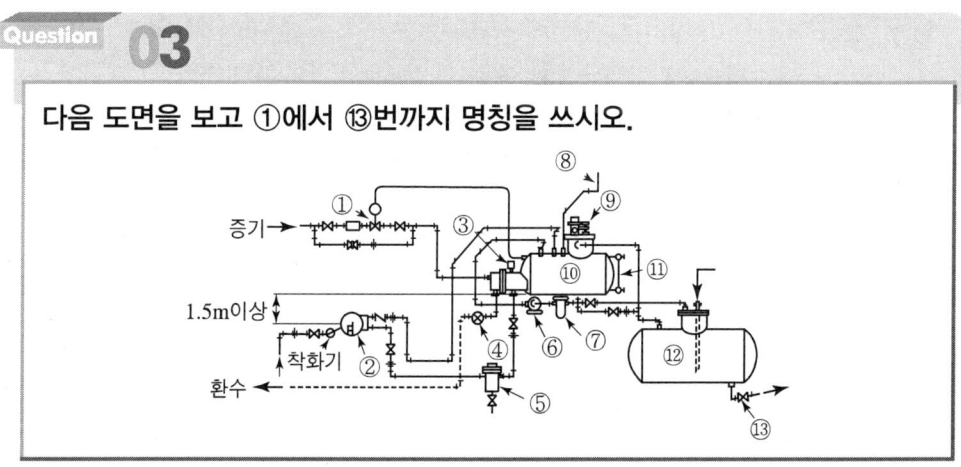

다음 도면을 보고 ①에서 ⑬번까지 명칭을 쓰시오.

Explanation & Answer

① 온도조절밸브(T.C.V)   ② 버너   ③ 온도계   ④ 트랩
⑤ 유수분리기   ⑥ 이송펌프   ⑦ 여과기   ⑧ 통기관
⑨ 플로우트스위치(액면조절장치)   ⑩ 써비스탱크   ⑪ 액면제(유면계)
⑫ 주저장탱크(메인탱크=저유조)   ⑬ 배수밸브

도면해독 문제 제 03 회

Question 01

다음 노통연관식 보일러의 계통도이다. ①~⑮의 명칭을 쓰시오.

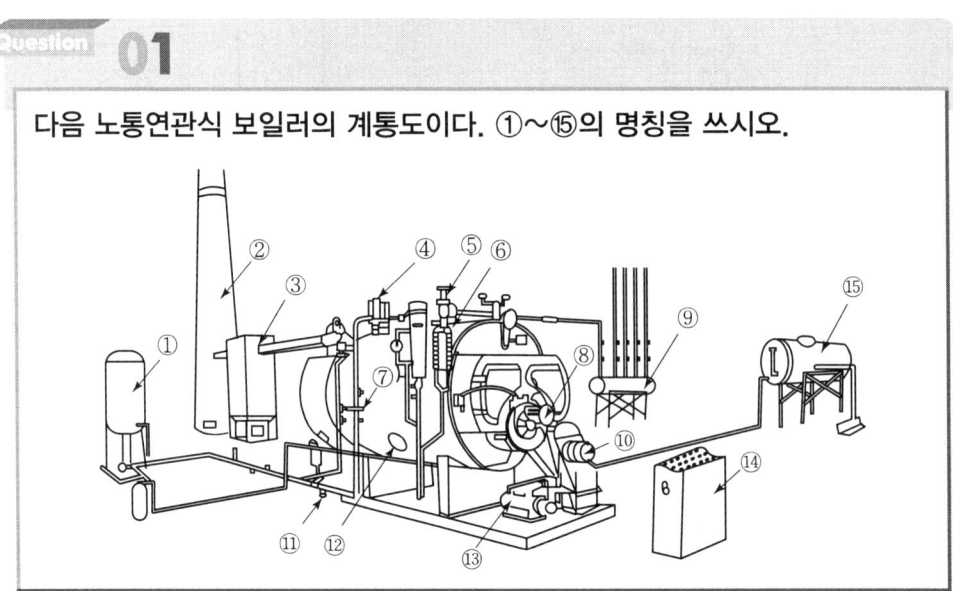

해설 & 답

① 급수탱크 ② 연돌 ③ 집진기
④ 안전밸브 ⑤ 주증기밸브 ⑥ 수면계
⑦ 인젝터 ⑧ 버너(로타리버너) ⑨ 증기헷더
⑩ 송풍기 ⑪ 여과기 ⑫ 청소구멍
⑬ 오일프리히타 ⑭ 컨트롤 박스(제어기) ⑮ 써어비스 탱크

Question 02

다음 그림은 정격 증발량 4ton/hr인 노통연관식 보일러의 설계 계략도이다. 다음 설명에 해당되는 것의 명칭과 도면상의 해당번호를 기입하시오.

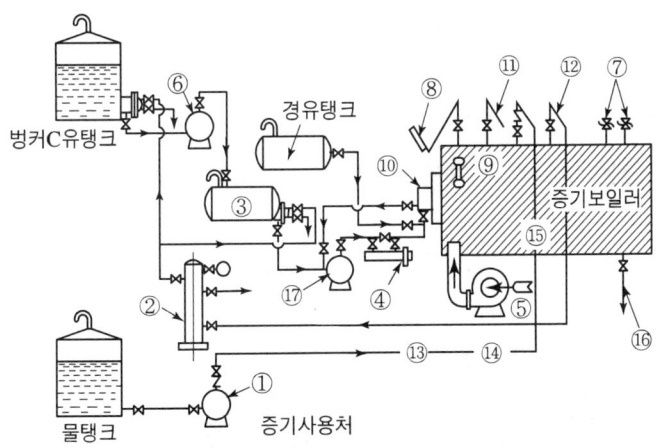

가. 버너 연소시 소요 공기를 공급하는 장치
나. 물탱크로부터 보일러에 공급되는 물에 압력을 주는 장치
다. 보일러에서 발생한 증기를 소요처에 보내기 위해 증기를 뽑아내는 장치
라. 보일러내의 증기압력을 지시하는 장치
마. 어떤 목적으로 보일러내외 물의 일부를 보일러 밖으로 뽑아내는 장치
바. 중유를 일시 저장하는 곳으로 버너 선단보다 1.5~2m 정도 높게 설치하는 장치
사. 보일러에서 나온 증기를 일시 저장하였다가 증기 소요처로 보내는 장치

해설 & 답

가. ⑤ 송풍기 나. ① 급수펌프
다. ⑫ 주증기 밸브 라. ⑧ 압력계
마. ⑯ 분출장치 바. ③ 써어비스탱크
사. ② 증기해더

도면해독 문제 제 04 회

Question 01

아래의 도면은 보일러의 계통도이다. 다음 물음에 답하시오.

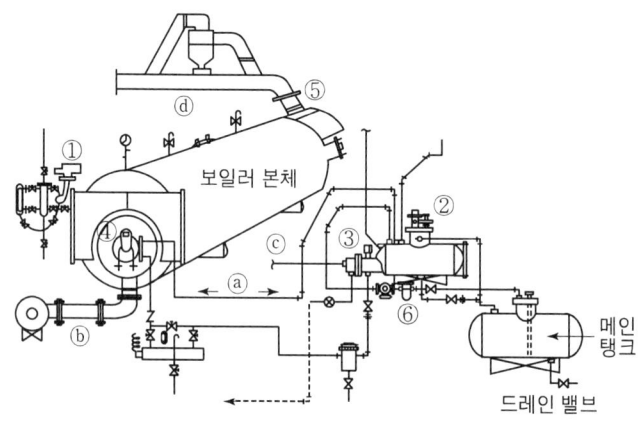

가. ①~⑥번까지의 명칭을 쓰시오.
나. 도면 ⓐ, ⓑ, ⓒ, ⓓ 속을 흐르는 유체의 명칭을 쓰시오.
다. 위의 도면중의 집진장치의 종류는 무엇인가?
라. 도면의 보일러에서 시간당 연료사용량이 690 l/h이고 예열온도 90℃, 입구온도 60℃라 할 때 이중유 예열기의 용량은 몇 Kwh인가?
(단, 연료의 비열 0.45Kcal/kg℃, 연료비중 0.95kg/l, 예열기 효율 80%이다.)

해설 & 답

가. ① 저수위 경보기　② 플루트스위치
　　③ 온도계　　　　④ 버너
　　⑤ 댐퍼　　　　　⑥ 여과기
나. 중유, 공기, 증기, 배기가스
다. 사이크론식
라. $\dfrac{690 \times 0.95 \times 0.45 \times (90-60)}{860 \times 0.8} = 12.86 \text{kwh}$

Question 02

보일러 수위제어 검출방식 중 전극식 자동급수 조정장치를 보고 각각의 기능을 쓰시오.

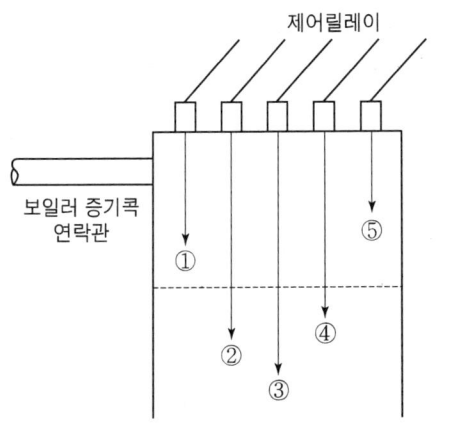

Explanation & Answer

① 급수 정지용
② 저수위 경보용
③ 저수위 차단용
④ 급수 개시용
⑤ 고수위 경보용

제1부 작업형 도면해독 및 실전문제

| 자격 종목 및 등급 | 에너지관리기능장 실전문제 1 | 작품명 | 강관 및 동관 조립 | 척도 | N.S |

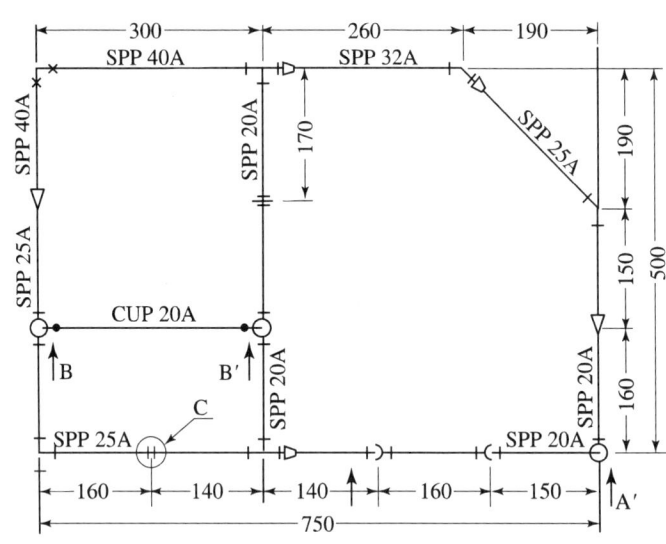

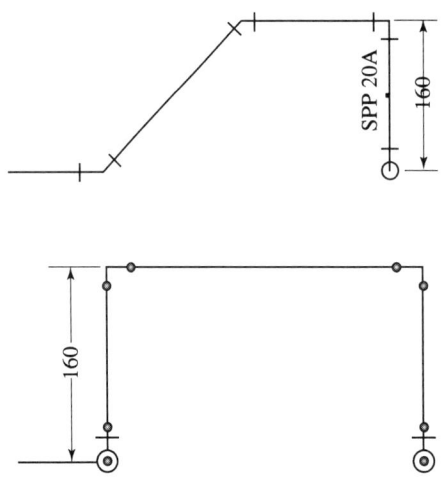

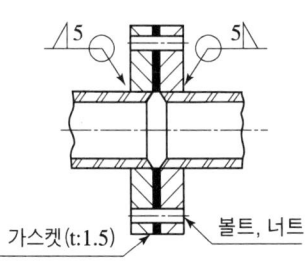

가스켓(t:1.5)   볼트, 너트

| 자격 종목 및 등급 | 에너지관리기능장 실전문제 2 | 작품명 | 강관 및 동관 조립 | 척도 | N.S |

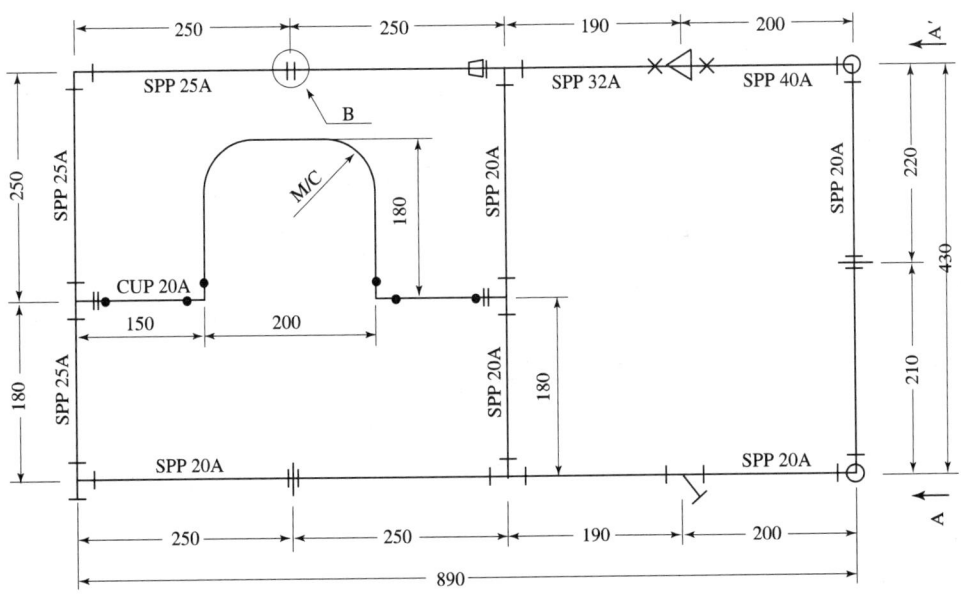

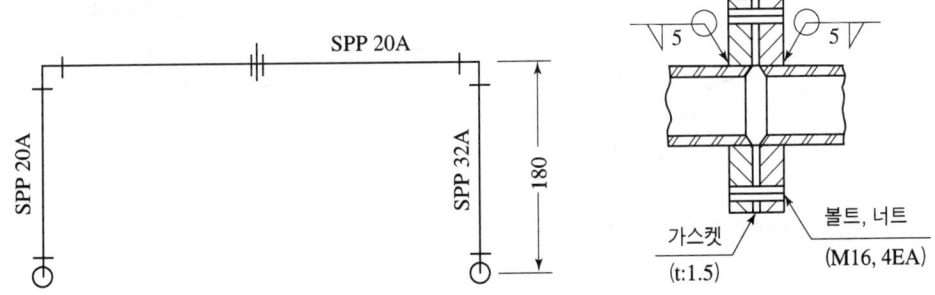

| 자격 종목 및 등급 | 에너지관리기능장 실전문제 3 | 작품명 | 강관 및 동관 조립 | 척도 | N.S |

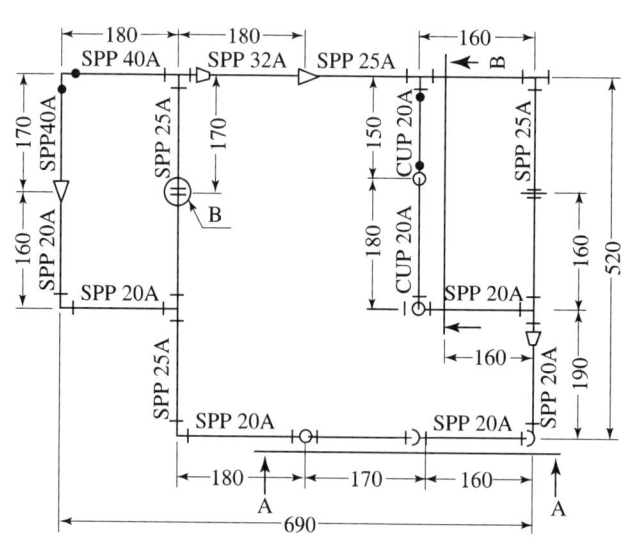

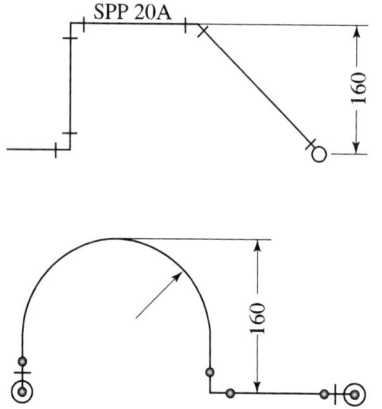

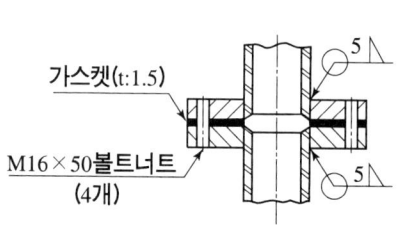

[관길이 산출법]

부속명	규격	여유치수	나사의 삽입길이
90° 엘보, 티이	20A(3/4″)	19	11
	25A(1″)	23	13
	32A(11/4″)	29	15
	40A(11/2″)	40	17
45° 엘보	20A	12	
	25A	14	
유니온	20A	12	
	25A	14	
	32A	17	
레듀샤	25A×20A	25A	7
		20A	7
	32A×25A	32A	8
		25A	8
	40A×25A	40A	10
		25A	9
	40A×32A	40A	9
		40A	8
이경 엘보, 티이	25A×15A	25A	17
		15A	21
	25A×20A	25A	19
		20A	22
	20A×15A	20A	16
		15A	19
	32A×20A	32A	21
		20A	27
	32A×25A	32A	23
		25A	27
	40A×32A	40A	28
		32A	31
	40A×25A	40A	20
		25A	30
	40A×20A	40A	23
		20A	30
붓싱	25×20=9 (나사산 길이에 따라 10mm까지 늘어남)		
	32×25=9 (나사산 길이에 따라 12mm까지 늘어남)		
	32×20=9 (나사산 길이에 따라 12mm까지 늘어남)		
용접 엘보	40A×40A=55		
용접레듀셔	40A×32A=32(합산 64mm)		

제 2 부

필답형 예상문제

필답형 예상문제 제 01 회

Question 01 보일러에서 절탄기를 설치시 단점 3가지

해설 & 답

① 저온부식 발생 ② 통풍저항 증가
③ 청소가 어렵다. ④ 연도내재 및 퇴적물 생성

Question 02 다음은 보일러 열정산 기준에 대한 설명이다. (   )속에 알맞은 것을 쓰시오.

> 보일러 열정산은 정상조업 상태에 있어서 (①)시간 이상의 운전결과에 따르며 시험 부하는 (②)부하로 하고, 고체 및 액체 연료인 경우 사용연료 (③)kg당으로 계산한다. 또한 연료의 발열량은 원칙적으로 (④) 발열량을 기준으로 한다.

해설 & 답

① 1   ② 정격   ③ 1   ④ 저위

Question 03

액체연료의 무화 연소방법에 있어서 연료를 무화시키는 목적 3가지를 쓰시오.

해설 & 답

① 단위중량당 표면적을 크게 하기 위해
② 연료와 공기와의 혼합을 좋게 하기 위해
③ 연소효율 및 점화효율을 좋게 하기 위해

Question 04

다음 설명에 해당되는 보일러 예열장치 명칭을 쓰시오.
(1) 수분을 포함하는 증기를 과열기로 만드는 장치
(2) 연소가스 여열을 이용하여 급수를 예열하는 장치
(3) 한번 팽창한 증기를 다시 가열하는 장치

해설 & 답

(1) 과열기
(2) 절탄기
(3) 재열기

Question 05

10kg/cm²의 압력하에서 실제로 1500kg/h의 증발량을 나타내는 보일러가 어느 공장에 운전되고 있다. 급수온도는 15℃이고, 증기의 엔탈피가 661.8kcal/kg일 때 상당증발량(kg/h)을 구하시오.

해설 & 답

$$G_e = \frac{G \times (h'' - h')}{539} = \frac{1500 \times (661.8 - 15)}{539} = 1800 \text{kg/h}$$

Question 06

관류보일러에서 보기의 각 부분을 연소가스가 통과하는 순서대로 쓰시오.

① 절탄기　② 집진기　③ 증발관　④ 버너선단
⑤ 과열기　⑥ 공기예열기　⑦ 연돌

해설 & 답　　Explanation & Answer

④ → ③ → ⑤ → ① → ⑥ → ② → ⑦

Question 07

보일러의 증발량이 1일 50m³, 급수중의 전고형물 농도 150PPM, 보일러수의 허용농도를 2000PPM이라면 일일분출량은 몇 m³인가?

해설 & 답　　Explanation & Answer

분출량 = $\dfrac{x \times d}{r - d} = \dfrac{50 \times 150}{2000 - 150} = 4.05 \text{m}^3/\text{일}$

Question 08

다음 문장내에 ( ) 적당한 말을 넣어 문장을 완결하시오.

보일러에는 보일러본체·과열기·절탄기·공기예열기·부속장치 등으로 이루어져 있는데 본체는 보일러동 또는 다수의 (①)으로 구성되어 있고, 연소시 발생하는 일을 물에 전달하는 전열면, 열전달 방식에 따라 (②)와 (③) 전열면이 있으며, 노는 연료의 연소실을 발생하는 부분으로 연소장치 및 (④)로 이루어져 있다.

해설 & 답　　Explanation & Answer

① 수관　　② 복사
③ 대류　　④ 연소실

Question 09

내경이 30cm의 관 속을 물이 흐르고 있다. 유속이 10m/sec라면 유체의 중량유량은 몇 kg/sec인가?

해설 & 답

$$Q(\text{kg/sec}) = r \times V \times A = 1000 \times 10 \times 0.785 \times 0.3^2 = 706.5 \text{kg/sec}$$

Question 10

보일러급수의 외처리 중 다음과 같은 물질이 급수 중에 있는 경우 제거방법을 쓰시오.
(1) 용존산소   (2) 용존 고형물   (3) 현탁질 고형물

해설 & 답

(1) 탈기법, 기폭법
(2) 이온교환법, 약제법, 증류법
(3) 침전법, 여과법, 응집법

Question 11

15℃ 칼로리란 표준대기압에서 (①)℃의 물 1g을 (②)℃로 온도 1℃ 높이는데 소요되는 열량으로 열량으로는 (③)Joul에 해당한다.

해설 & 답

① 14.5   ② 15.5   ③ 4.2

Question 12

보일러 점검에서는 계통도에 따라 각 라인 중요부품과 계측기 눈금 등을 점검기록하여야 한다. 이때 각 라인을 크게 4가지로 분류하시오.

해설 & 답

① 급수계통 ② 급유계통
③ 송기계통 ④ 통풍계통

Question 13

다음은 수질에 대한 단위의 설명이다. 각 설명에 해당하는 단위를 쓰시오.
(1) 용액 1kg 중의 용질 1mg 함유
(2) 용액 1Ton 중의 용질 1mg 함유
(3) 용액 1kg 중의 용질 1mg 당량함유

해설 & 답

(1) P.P.M   (2) P.P.b   (3) e.P.M

Question 14

자동급수조정장치의 구조에 대한 문제이다. (   )속에 알맞은 말을 쓰시오.

이 장치에는 3종류가 사용되고 있다. 즉 드럼내의 (①)에 따라서 조정하는 것을 1요소식 (②)와 (③)에 따라서 조정하는 것을 2요소식 (④)와 (⑤)과 (⑥)에 따라서 조정하는 것을 3요소식이라 한다.

해설 & 답

① 수위   ② 수위   ③ 증기량   ④ 수위
⑤ 증기량   ⑥ 급수량

Question 15
분출목적 5가지 쓰시오.

해설 & 답

① 관수농축방지　　② 관수 pH 조절
③ 포밍, 프라이밍 발생방지　　④ 슬러지, 스케일생성방지
⑤ 부식방지　　⑥ 가성취화방지

Question 16
증기관에서 수격작용을 방지하기 위한 방법 3가지를 쓰시오.

해설 & 답

① 증기트랩설치　　② 주증기밸브서개
③ 증기관의 보온철저　　④ 증기관의구배조절

Question 17
기체연료의 단점 3가지를 쓰시오.

해설 & 답

① 저장, 취급이 어렵다.
② 누설되면 폭발의 위험이 있다.
③ 설비비가 비싸고 공사에 기술을 요한다.

Question 18

다음은 접촉식온도계 및 비 접촉식 온도계의 특징을 나열한 것이다. 각각의 특징을 골라 그 번호를 쓰시오.

① 이동하는 물체의 온도 측정이 가능
② 방사율에 대한 보정이 필요
③ 측정시간이 상대적으로 많이 소요된다.
④ 고온(1000℃ 이상) 측정에 유리
⑤ 측정온도의 오차가 적다.
⑥ 온도계가 피측정물의 열적조건을 교란시킬 수 있다.

해설 & 답

비접촉식온도계 : ①, ②, ④
접촉식온도계 : ③, ⑤, ⑥

필답형 예상문제 제 02 회

Question 01
안전밸브 밸브시트 누설원인 4가지를 쓰시오.

해설 & 답

① 스프링장력감쇄시
② 조종압력이 낮은 경우
③ 밸브시트에 이물질 혼입시
④ 밸브축이 이완된 경우

Question 02
배기가스 50cc를 채취하여 오르자트식 가스분석기로 분석한 결과 CO_2 : 6.3cc, O_2 : 1.7cc, CO : 0.1cc로 측정되었다. 공기비는?

해설 & 답

① $CO_2 = \dfrac{6.3}{50} \times 100 = 12.6$

② $O_2 = \dfrac{1.7}{50} \times 100 = 3.4$

③ $CO = \dfrac{0.1}{50} \times 100 = 0.2$

∴ $N_2 = 100 - (CO_2 + O_2 + CO) = 100 - (12.6 + 3.4 + 0.2) = 83.8$

∴ $m(공기비) = \dfrac{83.8}{83.8 - 3.76(3.4 - 0.5 \times 0.2)} = 1.17$

Question 03

과열증기 온도조절방법 3가지를 쓰시오.

해설 & 답

① 열가스량으로 조절하는 방법
② 과열저감기를 사용하는 방법
③ 배기가스를 재순환시키는 방법

Question 04

보일러에 사용하는 급유펌프의 종류 3가지를 쓰시오.

해설 & 답

① 기어펌프   ② 스크류펌프   ③ 플런저펌프

Question 05

증기트랩의 종류 3가지를 쓰시오.

해설 & 답

① 기계적트랩 : 포화수와 포화증기의 비중차 이용(버킷트, 플로우트)
② 온도조절트랩 : 포화수와 포화증기의 온도차 이용(바이메탈, 벨로우즈)
③ 열역학적트랩 : 포화수와 포화증기의 열역학적 특성차 이용(오리피스, 디스크)

06 다음 각각의 단위를 쓰시오.
(1) 비열 (2) 열전도율
(3) 열전달계수 (4) 전열저항계수

해설 & 답

(1) 비열 : kcal/kg℃ (2) 열전도율 : kcal/mh℃
(3) 열전달계수 : kcal/m²h℃ (4) 전열저항계수 : m²h℃/kcal

07 액체연료 무화방식 중 연소실에서 화염 중에 불꽃이 튀는 원인 3가지를 쓰시오.

해설 & 답

① 연소실내가 저온일 때
② 공기압이 고압일 때
③ 연료의 온도가 높거나 낮다.

08 보일러 급수처리 방법 중 용해고형물 처리방법 3가지를 쓰시오.

해설 & 답

① 이온교환법   ② 약제법   ③ 증류법

Question 09

다음 설명에 해당하는 유량계의 명칭을 보기에서 골라 번호를 쓰시오.

[보기] ① 전자식 유량계 ② 임펠러식 유량계 ③ 피토우관
④ 면적식 유량계 ⑤ 열선식 유량계

(1) 유체속에 전열선을 넣어 이것을 가열할 때의 온도상승으로 유량측정
(2) 유체가 흐르는 단면적을 변화시켜 유량측정
(3) 총압과 정압의 차이로 유량측정
(4) 날개의 회전수로 유량측정
(5) 관로에 유체가 흐르는 직각방향으로 전극을 붙이면 유량측정

해설 & 답

(1) ⑤   (2) ④   (3) ③   (4) ②   (5) ①

Question 10

보일러의 성능시험을 위하여 보일러를 3시간 가동한 결과 아래와 같았다. 다음 물음에 답하시오.

실제증발량 9500kg, 연료사용량 630kg, 전열면적 50m², 급수온도 18℃, 연료의 저위 발열량 10500kg, 사용연료 가스, 정격용량 4Ton/h, 발생증기 엔탈피 664.8kcal/kg

(1) 보일러효율   (2) 상당증발량
(3) 보일러마력   (4) 전열면열부하

해설 & 답

(1) $\dfrac{9500 \times (664.8 - 18)}{630 \times 10500} \times 100 = 92.8\%$

(2) $\dfrac{G \times (h'' - h')}{539} = \dfrac{9500 \times (664.8 - 18)}{539} = 11400 \text{kg/h}$

(3) $\dfrac{G \times (h'' - h')}{15.65 \times 539} = \dfrac{9500 \times (664.8 - 18)}{15.65 \times 539} = 728.34$

(4) $\dfrac{G(h'' - h')}{A} = \dfrac{9500 \times (664.8 - 18)}{50 \text{m}^2} = 122892 \text{kcal/m}^2/\text{h}$

Question 11

보일러 자동제어에서 연소량을 제어할 수 있는 조작량 2가지를 쓰시오.

해설 & 답

① 연료량
② 공기량

Question 12

급수밸브의 크기는 얼마이며, 전열면적에 따라 분류하시오.

해설 & 답

① 급수밸브의 크기 : 15A 이상
② 전열면적이 $10m^2$ 이하 : 15A 이상
  전열면적이 $10m^2$ 초과 : 20A 이상

Question 13

수면계를 1개 설치하는 경우 3가지 쓰시오.

해설 & 답

① 소용량 보일러
② 소형관류 보일러
③ 최고사용압력이 $10kg/cm^2$ 이하이고 동체안지름이 750mm 미만인 경우

Question 14

집진 장치를 대별하면 건식집진장치와 함진가스를 세정액에 접촉시켜 포집하는 (①)집진장치가 있으며 종류로는 (②)식, 가압수식, (③)식 집진장치 등이 있다.

해설 & 답

① 습식　② 유수　③ 회전식

Question 15

보일러의 통풍방법을 크게 나누면 (①)에 의한 자연통풍이 부족할 때 임의적으로 통풍시키는 것을 (②)통풍이라 하며 종류에는 (③)통풍, (④)통풍, (⑤)통풍방식이 있다.

해설 & 답

① 연돌　② 강제　③ 압입　④ 흡입　⑤ 평형

Question 16

열진달결과 열설비의 표면적 100m²의 평균온도가 80℃였다. 이 온도가 40℃가 되도록 단열처리 하였을 때 년간 절약 가능한 연료량은 몇 l/년인가? (단, 연료의 발열량 10000kcal/l, 년간가동시간 8000시간, 단열재 열관류율(K) 10kcal/m²h℃)

해설 & 답

연간 절약 가능한 연료량 $= \dfrac{10 \times 100 \times 8000 \times (80-40)}{10000} = 32000 l/년$

Question 17

기름가열기는 (①)를 낮추어 (②)를 좋게 하기 위한 장치

해설 & 답

① 점도   ② 무화

Question 18

6개월 이상 장기보존시 실리카겔, 활성알루미나를 투입하여 보일러를 보관하는 방법은?

해설 & 답

장기보존법(건조보존법)

Question 19

행거의 종류 3가지를 쓰시오.

해설 & 답

① 스프링행거
② 리지드행거
③ 콘스탄트행거

Question 20. 리스트레인의 종류 3가지

① 앵커 ② 스톱 ③ 가이드

필답형 예상문제 제 03 회

Question 01
보일러 급수처리 방법 중 내처리법 5가지를 쓰시오.

해설 & 답

① **pH 조정제** : 인산소다, 암모니아, 수산화나트륨(가성소다)
② **연화제** : 인산소다, 탄산소다, 수산화나트륨(가성소다)
③ **탈산소제** : 탄닌, 아황산소다, 히드라진
④ **슬러지 조정제** : 리그닌, 녹말, 탄닌
⑤ **가성취화방지제** : 리그닌, 황산소다, 탄닌

Question 02
중유 첨가제를 쓰고 그 작용에 대해 설명하시오.

해설 & 답

① 연소촉진제 : 분무양호
② 안정제 : 슬러지 생성방지
③ 탈수제 : 수분분리
④ 회분개질제 : 회분의 융점 높혀 고온부식 방지
⑤ 유동점 강하제 : 중유의 유동점 낮추어 송유 양호

Question 03

기수분리기는 (①)가 높은 (②)를 얻기 위한 장치이다.

해설 & 답

① 건조도 　　② 증기

Question 04

CO_{2max}=18%, CO_2=13.2%, CO=3%일 때 O_2%는?

해설 & 답

$$CO_2(\max)\% = \frac{21 \times (CO_2 + CO)}{21 - O_2 + 0.395\,CO}$$

$$O_2 = (21 + 0.395 \times 3) - \frac{21 \times (13.2 + 3)}{18} = 3.29\%$$

Question 05

1kg/cm²abs에서의 증기엔탈피는 639kcal/kg이다. 건조도 0.8일 때의 증기전열량은?

해설 & 답

$100 + 539 \times 0.8 = 531.2\,\text{kcal/kg}$

$100 + (639 - 100) \times 0.8 = 531.2\,\text{kcal/kg}$

Question 06

다음 ( )안을 완성하시오.

공기량이 과다할 경우 노내온도는 (①), CO_2% (②)하고 O_2% (③)한다.

해설 & 답

① 낮게 ② 감소 ③ 증가

Question 07

차압식 유량계의 종류 3가지를 쓰시오.

해설 & 답

① 벤튜리미터 ② 플로우미터 ③ 오리피스미터

Question 08

보일러 자동제어에서 증기압력, 노내압력을 제어할 수 있는 조작량 2가지를 쓰시오.

해설 & 답

① 연료량 ② 공기량 ③ 배기가스량 중 2가지

Question 09

다음 배기가스에 의한 열손실을 계산하시오.

배기가스량 13.6Nm³/kg, 배기가스비열 0.33kcal/Nm³, 배기가스온도 290℃일 때 배기가스온도를 150℃로 저하시킬 경우 회수열량

해설 & 답

$13.6 \times 0.33 \times (290 - 150) = 628.2 \text{kcal/kg}$

Question 10

액체연료 연소장치인 고압기류식 분무버너에 대한 물음에 답하시오.
(1) 고압기류 매체 2가지를 쓰시오.
(2) 유량조절범위는?
(3) 유체와 연료와의 혼합장소에 따라 2가지를 쓰시오.

해설 & 답

(1) 공기, 증기
(2) 넓다.
(3) 내부혼합식, 외부혼합식

Question 11

급수량 3000kg/h, 증기엔탈피 646kcal/kg, 급수온도 46℃일 때 상당증발량은?

해설 & 답

$$G_e = \frac{3000 \times (646 - 46)}{539} = 3339.5 \text{kg/h}$$

Question 12. 캐비테이션 방지법을 쓰시오.

해설 & 답

① 펌프의 설치위치를 낮춘다.
② 관경을 크게 한다.
③ 흡입측 손실수두를 줄인다.
④ 임펠러를 액중에 완전히 잠기게 한다.
⑤ 펌프를 2대 이상 설치한다.

Question 13. 과열기 분류 중 열가스 흐름에 의한 분류 3가지를 쓰시오.

해설 & 답

① 병류형 : 증기의 흐름 방향과 연소가스의 흐름이 같다.
② 향류형 : 증기의 흐름 방향과 연소가스의 흐름이 다르다.
③ 혼류형

Question 14. 감압밸브 설치목적 3가지를 쓰시오.

해설 & 답

① 고압의 증기를 저압의 증기로 바꾸어준다.
② 부하측의 압력을 항상 일정하게 유지
③ 고압과 저압을 동시 사용

Question 15
파형노통의 장 · 단점 3가지를 쓰시오.

해설 & 답

① 장점 : ㉠ 전열면적이 크다.
㉡ 강도가 크다.
㉢ 열효율이 좋다.
② 단점 : ㉠ 제작이 어렵다.
㉡ 청소 및 검사가 곤란하다.
㉢ 고가이다.

Question 16
체크밸브의 종류 2가지와 생략 조건은?

해설 & 답

① 종류 : ㉠ 스윙식 : 수평, 수직배관
㉡ 리프트식 : 수평배관
② 생략조건 : 최고사용이 $1kg/cm^2$ (0.1MPa) 이하인 경우

Question 17
유배관에 다음 물질이 존재할 때 제거하는 설비 명칭을 쓰시오.
(1) 찌꺼기   (2) 수분   (3) 공기

해설 & 답

(1) 여과기   (2) 유수분리기   (3) 에어콕크

Question 18. 수관식 보일러와 연관식 보일러를 비교 설명하시오.

해설 & 답

① 수관식 보일러 : 관내부로는 물이 흐르고, 관외부로는 연소가스가 흐른다.
② 연관식 보일러 : 관내부로는 연소가스가 흐르고, 관외부로는 물이 흐른다.

필답형 예상문제 제 04 회

Question 01 접촉식 온도계의 특징을 비접촉식에 비교하여 5가지 쓰시오.

① 응답성이 느리다.
② 방사율 보정이 필요없다.
③ 피측정물로부터 열적교란이 크다.
④ 저온 측정에 용이
⑤ 정도가 높다.

Question 02 다음은 보일러 열정산 기준이다. ( )안을 채우시오.

- 시험부하는 (①)로 한다.
- 기준온도는 (②)로 한다.
- 발열량은 (③)을 기준으로 한다.
- 열계산은 사용연료(④)에 대해서 한다.
- 압력변동은 (⑤)%이내
- 열정산방법은 (⑥)와 (⑦) 있다.

① 정격부하
② 외기온도
③ 저위발열량
④ 1kg
⑤ ±7
⑥ 입출열법
⑦ 손실열법

Question 03

링겔만 매연 농도표는 몇 도부터 몇 도까지 있는가?

해설 & 답

No. 0부터 No. 5까지

Question 04

자동나사 절삭기의 종류 3가지를 쓰시오.

해설 & 답

① 다이헤드식   ② 오스타식   ③ 호브식

Question 05

배관의 고정을 관경에 따라 분류하시오.

해설 & 답

① 관경이 13mm 미만 : 1m마다
② 관경이 13mm 이상 33mm 미만 : 2m마다
③ 관경이 33mm 이상 : 3m마다

Question 06

중유속에 수분이 포함되면 (①)이 감소하고 (②)의 원인이 되며 (③)이 생성되고 저온부식이 촉진된다.

해설 & 답

① 발열량   ② 진동연소   ③ 현탁성부유물

Question 07

O_2가 다른 가스에 비해 자장으로 흡입되는 상사성이 매우 강한 것을 이용한 분석계의 명칭은?

해설 & 답

자기식 O_2계

Question 08

보일러 내면에 발생하는 부식을 방지하는 방법 3가지를 쓰시오.

해설 & 답

① 용존가스체를 제거한다.
② pH를 조절한다.
③ 아연판을 매단다.

Question 09

수면계를 검사해야할 시기 5가지를 쓰시오.

해설 & 답

① 두 개의 수면개 수위가 다를 때
② 수면계 수위가 의심스러울 때
③ 프라이밍, 포밍 발생시
④ 관수농축시
⑤ 수면계 교체시

Question 10

자동제어에서 조절기의 전송시 전송거리가 긴 것부터 보기를 보고 순서대로 쓰시오.

[보기]   유압식,   전류식,   공기식

해설 & 답

전기식(전류식) > 유압식 > 공기식

Question 11

열의 이동 방식에 따른 전열방법 3가지를 쓰시오.

해설 & 답

① 전도   ② 대류   ③ 복사

Question 12

효율이 63%인 보일러를 90%인 보일러로 교체하였을 때 연간절약 연료량(l/년) 및 연간절감금액(원/년)을 각각 구하시오. (단, 사용 연료량은 연간 124900l/년, 연료단가 170원/l)

해설 & 답

① 연간 절약 연료량 = $\dfrac{90-63}{90} \times 124900 = 37470 l/년$

② 연간 절감금액 = $37470 l/년 \times 170원/l = 6,369,900원/년$

Question 13

연소실 열부하가 700,000kcal/m³h, 상당증발량이 6Ton/h, 열효율이 88%인 보일러의 연소실 용적을 구하시오.

해설 & 답

연소실 용적 = $\dfrac{6 \times 1000 \times 539}{700000 \times 0.88} = 5.25 \mathrm{m}^3$

Question 14

어떤 보일러의 연소효율이 90%, 전열효율이 85%, 배기가스손실열이 8.5%, 방산열손실이 15%이다. 열효율을 구하시오.

해설 & 답

효율 = 연소효율 × 전열효율 × 100
    = $0.9 \times 0.85 \times 100 = 76.5\%$

Question 15

배관용 강관을 5가지 쓰시오.

해설 & 답

① SPP(배관용탄소강관) : 사용압력이 10kg/cm^2 이하인 증기, 기름, 물 배관 사용
② SPPS(압력배관용탄소강관) : 사용압력이 10kg/cm^2 이상 100kg/cm^2 미만
③ SPPH(고압배관용탄소강관) : 사용압력이 100kg/cm^2 이상시 사용
④ SPLT(저온 배관용탄소강관) : 빙점 이하의 관 사용
⑤ SPHT(고온 배관용탄소강관) : 350℃ 이상시 사용
⑥ SPA(배관용 합금강관)
⑦ STHA(보일러열교환기용 합금강강관)
⑧ STBH(보일러열교환기용 탄소용강관)

Question 16

중유의 원소조성이 C : 78%, H : 12%, O : 3%, S : 2%, 기타 5%일 때 이론산소량과 이론공기량을 구하시오.

해설 & 답

$$O_o(\text{이론산소량}) = 1.867C + 5.6\left(H - \frac{O}{8}\right) + 0.7S$$

$$= 1.867 \times 0.78 + 5.6\left(0.12 - \frac{0.03}{8}\right) + 0.7 \times 0.02$$

$$= 2.1212 \text{Nm}^3/\text{kg}$$

$$A_o(\text{이론공기량}) = 8.89C + 26.67\left(H - \frac{O}{8}\right) + 3.33S$$

$$= 8.89 \times 0.78 + 26.67\left(0.12 - \frac{0.03}{8}\right) + 3.33 \times 0.02$$

$$= 10.10 \text{Nm}^3/\text{kg}$$

Question 17

강철제 보일러의 수압시험 압력을 쓰시오.

해설 & 답

① 최고사용압력이 4.3kg/cm^2 (0.43MPa) 이하 : $P \times 2$
② 최고사용압력이 4.3kg/cm^2 초과 15kg/cm^2 이하 : $P \times 1.3 + 3$
   (0.43MPa 초과 1.5MPa 이하)
③ 최고사용압력이 15kg/cm^2 초과 (1.5MPa 초과) : $P \times 1.5$

Question 18

보온재는 온도, 습도, 비중이 커지면 열전도율은 (①)하고, 보온능력은 (②)한다.

해설 & 답

① 증가
② 감소

Question 19

비중량 1000kg/m^3이고 송출량이 $20\text{m}^3/\text{min}$ 전양정이 26m 일 때 펌프동력은? (단, 효율 70%이다.)

해설 & 답

$$\text{kW} = \frac{1000 \times 20 \times 26}{102 \times 0.7 \times 60} = 121.38\text{kW}$$

Question 20

안전밸브의 종류 3가지를 쓰시오.

해설 & 답

① 스프링식　② 추식　③ 지렛대식

Question 01

기전력이 크고 환원분위기에 강하며 값이 싸므로 공장에서 널리 사용되는 열전대온도계의 명칭은?

해설 & 답

철-콘스탄탄열전대

Question 02

진공환수식 증기 난방에서 다음 물음에 답하시오.
(1) 진공펌프의 설치위치는?
(2) 방열기밸브는 어떤 것을 사용하는가?
(3) 환수관의 진공도는 어느 정도로 유지되는가?

해설 & 답

(1) 환수주관 끝부분(보일러전)
(2) 앵글밸브
(3) 100~250mmHg

Question 03

온수보일러에 설치되는 팽창탱크의 기능을 2가지만 쓰시오.

해설 & 답 — Explanation & Answer

① 체적 팽창, 이상 팽창 압력 흡수
② 보충수 공급
③ 보일러파열사고 방지

Question 04

다음 보온재 중 사용온도가 높은 것부터 차례로 번호를 나열하시오.

① 암면 ② 그라스울 ③ 실리카보온재 ④ 테프론 ⑤ 캐스터블내화물

해설 & 답 — Explanation & Answer

⑤ → ③ → ① → ② → ④

[참고] ① 캐스터블내화물 : 1580℃ 이상 ② 실리카보온재 : 1100℃
③ 암면 : 600℃   ④ 그라스울 : 300℃
⑤ 테프론 : −260~260℃

Question 05

보일러 취급시 보기와 같은 대책은 어떤 현상을 방지하기 위한 것인지 3가지 쓰시오.

[보기]
- 부하를 과대하게 하지 말 것
- 증기지변을 갑자기 열지 말 것
- 수위를 너무 높게 하지 말 것
- 능률을 막고 알맞은 분출을 할 것

해설 & 답 — Explanation & Answer

① 포밍   ② 프라이밍   ③ 캐리오버

Question 06
차압식 유량계인 오리피스 유량계의 장, 단점 3가지씩 쓰시오.

① 장점 : ㉠ 구조가 간단하고 교체가 용이하다.
　　　　㉡ 제작이나 설치가 쉽다.
　　　　㉢ 가격이 싸다.
② 단점 : ㉠ 압력손실이 크다.
　　　　㉡ 내구성이 적다.
　　　　㉢ 교축기구전, 후에 침전물 퇴적이 많다.

Question 07
보일러 운전 중 진동연소의 원인 3가지를 쓰시오.

① 연소실온도가 낮다.
② 통풍력 부적당
③ 분무공기압 과대

Question 08
다음의 4가지 열전온도계의 +측 금속을 한글로 쓰시오.
(1) I-C　　　　　　　　(2) C-A
(3) C-C　　　　　　　　(4) P-R

(1) I-C : 순철　　(2) C-A : 크로멜
(3) C-C : 동　　　(4) P-R : 백금로듐
[참고]　(1) I-C : 철-콘스탄탄　(2) C-A : 크로멜-알루멜
　　　　(3) C-C : 동-콘스탄탄　(4) P-R : 백금로듐-백금

Question 09

과열증기의 사용시 단점 2가지를 쓰시오.

해설 & 답

① 증기사용시 위험성이 크다.
② 설계상 비용이 많이 든다.

Question 10

가솔린 유분속에 포함되어 있는 나쁜 냄새와 (①)을 가지는 메르캅탄류를 (②) 시키어 (③)로 바꾼 후 냄새나 (④)을 개선하는 방법을 스위트닝이라 한다.

해설 & 답

① 부식성   ② 산화   ③ SO_2 ④ 부식성

Question 11

중유첨가제 및 작용 5가지를 쓰시오.

해설 & 답

① 연소촉진제 : 분무양호
② 안정제 : 슬러지 생성방지
③ 탈수제 : 수분분리
④ 회분개질제 : 회분의 융점 높혀 고온부식 방지
⑤ 유동점강하제 : 중유의 유동점 맞추어 송유양호

Question 12

다음 ( )안에 적당한 말을 넣으시오.

(①)에 의한 자연통풍에는 한도가 있으므로 큰 보일러에는 (②)통풍으로 한다. 이것에는 (③)통풍, (④)통풍, (⑤)통풍의 3가지가 있다.

해설 & 답

① 연돌   ② 강제통풍   ③ 압입   ④ 흡입   ⑤ 평형

Question 13

보일러수에 포함되어 있는 불순물의 종류는 염류 (①), (②)가스분, 산분 등이며 이들은 전열면 내측에 (③)을 일으키거나, 석출 퇴적하여 슬러지 또는 (④)이 되어 열의 전도를 방해하고 과열의 원인이 된다.

해설 & 답

① 유지류   ② 고형분
③ 부식   ④ 스케일

Question 14

노통보일러에서 노통을 동의 좌, 우 편심에 설치하는 경우가 있다. 그 이유를 간단히 설명하시오.

해설 & 답

관수순환을 좋게 하기 위해서

Question 15

노통의 신축으로 인한 응력을 감소시키기 위하여 가셋트스테이나 경판과의 부착하단과 노통사이에 두는 간격을 무엇이라 하는가?

해설 & 답

브리징 스페이스(230mm 이상)

Question 16

연료를 무화시키는 목적 3가지를 쓰시오.

해설 & 답

① 단위중량단 표면적을 크게 하기 위해서
② 연료와 공기의 혼합을 좋게 하기 위해서
③ 점화효율 및 연소효율을 좋게 하기 위해서

Question 17

관류 보일러에서 보기의 각 부분을 연소가스가 통과하는 순서대로 번호를 나열하시오.

| ① 절탄기 | ② 집진기 | ③ 증발관 | ④ 버너선단 |
| ⑤ 과열기 | ⑥ 공기예열기 | ⑦ 연돌 | |

해설 & 답

④ → ⑤ → ① → ⑥ → ② → ⑦

Question 18

보일러 운전시 캐리오버 현상을 방지하는 방법 3가지를 쓰시오.

해설 & 답

① 기수분리기 설치   ② 주증기 밸브서개   ③ 고수위 방지

Question 19

청관제의 종류 5가지를 쓰시오.

해설 & 답

① 가성소다   ② 탄산소다
③ 인산소다   ④ 암모니아
⑤ 히드라진

Question 20

건식집진장치 중에서 매연이나 분진이 들어있는 가스를 여포에 통과시켜서 매연을 걸러내는 방법으로 분리 포집할 수 있는 크기는 0.1~40μ이고 가스속도는 5cm/sec 이상이며, 압력손실이 30~50mmH$_2$O인 집진장치는?

해설 & 답

여과식 집진장치

필답형 예상문제 제 06 회

Question 01
접촉식 온도계와 비접촉식 온도계 각 3가지씩 쓰시오.

해설 & 답

① 접촉식온도계 : 열전대온도계, 저항온도계, 바이메탈온도계, 압력식온도계
② 비접촉식온도계 : 광고온도계, 방사온도계, 색온도계

Question 02
다음은 피드백 제어에 대한 블록선도를 나타낸 것이다. ( )안에 적합한 용어를 보기에서 골라 쓰시오.

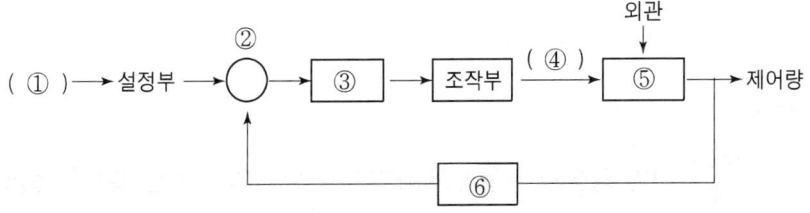

기준치, 목표치, 비교부, 검출부, 조절부, 제어부, 제어대상, 제어량, 설정신호, 제어편차, 조작량

해설 & 답

① 목표치　② 비교부　③ 조절부　④ 조작량
⑤ 제어대상　⑥ 검출부

Question 03

보일러 내부처리의 종류를 청관제의 사용 목적에 따라 5가지를 쓰시오.

해설 & 답　　　　　　　　　　　　　　**Explanation & Answer**

① PH조정제　　② 연화제
③ 탈산소제　　④ 슬러지조정제
⑤ 가성취화 방지제

Question 04

물리적 가스 분석계에 대한 종류 중 O₂량을 분석 측정하는 가스분석계의 종류 3가지를 쓰시오.

해설 & 답　　　　　　　　　　　　　　**Explanation & Answer**

① 자기식 O_2계
② 지르코니아식 O_2계
③ 가스크로마토그래피

Question 05

어떤 공장의 굴뚝에서 배출되는 연기의 농도를 측정한 결과 다음과 같았을 때 농도를 (%)로 계산하시오.

| 농도 0도 : 10분 | 농도 1도 : 15분 | 농도 2도 : 20분 |
| 농도 3도 : 5분 | 농도 4도 : 5분 | 농도 5도 : 5분 |

해설 & 답　　　　　　　　　　　　　　**Explanation & Answer**

$$\therefore \text{농도율} = \frac{\text{총매연농도치}}{\text{총측정시간}} \times 20$$

$$= \frac{(1 \times 15 + 2 \times 20 + 3 \times 5 + 4 \times 5 + 5 \times 5)}{60} \times 20 = 38.33\%$$

Question 06. 화염검출기의 종류 3가지를 쓰시오.

해설 & 답

① 플레임아이 : 화염의 발광체
② 플레임로드 : 화염의 이온화
③ 스텍스위치 : 화염의 발열

Question 07. 보일러 취급시 보기와 같은 대책은 어떤 현상을 방지하기 위한 것인지 현상 3가지를 쓰시오.

- 부하를 과대하게 하지 말 것
- 주증기면을 갑자기 열지 말 것
- 수위를 너무 높게 하지 말 것
- 농축을 맞고 알맞은 분출을 할 것

해설 & 답

① 포밍   ② 프라이밍   ③ 캐리오버

Question 08. STC, FWC, ACC는 무엇을 뜻하는가?

해설 & 답

① STC : 증기온도제어
② FWC : 급수제어
③ ACC : 자동연소제어

Question 09

보일러 설비에 있어 온도계 부착위치 5가지를 쓰시오.

해설 & 답

① 급수입구 : 급수온도계
② 급유입구 : 급유온도계
③ 보일러 본체 배기가스온도계
④ 절탄기, 공기예열기 : 입구 및 출구 온도계
⑤ 과열기, 재열기 : 출구온도계

Question 10

화학적 가스분석계 종류 5가지를 쓰시오.

해설 & 답

① 오르자트식
② 연소식 O_2계
③ 미연소계
④ 자동화학식 가스분석계
⑤ 헴펠식가스분석계

Question 11

연료의 착화온도를 간단히 설명하시오.

해설 & 답

가연성분이 외부의 점화원 없이 스스로 불이 붙은 최저온도

Question 12

통계적으로 보일러 급수온도계 6℃ 상승함에 따라 약 15%의 연료가 절감된다. 응축수를 회수하여 보일 급수로 재사용할 경우 이점 3가지를 쓰시오.

해설 & 답 — Explanation & Answer

① 열효율이 상승한다.
② 증발이 빠르다.
③ 급수처리할 필요가 없다.

Question 13

다음 속에 ( ) 알맞은 말을 넣으시오.

> 보일러 부식은 외부부식과 내부부식으로 나눌 수 있는데 외부부식은 (①)부식과 (②)부식으로 나눌 수 있으며 내부부식은 (③), (④), (⑤), (⑥) 등이 있다.

해설 & 답 — Explanation & Answer

① 고온부식   ② 저온부식   ③ 점식
④ 전면식   ⑤ 국부부식   ⑥ 구식

Question 14

통풍량 조절방법 3가지를 쓰시오.

해설 & 답 — Explanation & Answer

① 회전수조절
② 섹션베인의 개도조절
③ 가이드베인의 각도조절

Question 15

연료사용량이 200kg/h, 발열량이 10000kcal/kg, 시간당급수사용량이 30Ton이며 온수온도 80℃, 급수온도 20℃일 때 보일러 효율은?

해설 & 답

효율 = $\dfrac{30 \times 1000 \times (80-20)}{200 \times 10000} \times 100 = 90\%$

Question 16

보일러 운전중 기름의 온도가 높을 때 일어나는 현상 4가지를 쓰시오.

해설 & 답

① 탄화물생성 ② 기름의 분해
③ 분사불량   ④ 연료소비량 증대

Question 17

보일러에서 연료의 저위발열량은 H_l, 실제발생열량을 Q_r, 유효열량을 Q_e라 할 때 다음 각 효율을 식으로 표시하시오.
(1) 연소효율   (2) 전열효율   (3) 보일러효율

해설 & 답

(1) **연소효율** = $\dfrac{Q_r}{Hl} \times 100$ (2) **전열효율** = $\dfrac{Q_e}{Q_r} \times 100$

(3) **보일러효율** = 연소효율 × 전열효율 × 100 = $\dfrac{Q_r}{Hl} \times \dfrac{Q_e}{Q_r} \times 100$
     = $\dfrac{Q_e}{Hl} \times 100$

Question 18

배기가스성분중 N_2 80%, CO_2 14%, O_2 6%일 때 공기비는?

해설 & 답

$$m = \frac{N_2}{N_2 - 3.76 O_2} = \frac{80}{80 - 3.76 \times 6} = 1.39$$

필답형 예상문제 제 07 회

Question 01

효율이 80%인 어떤 보일러로 엔탈피 740kcal/kg인 증기를 매시간 12Ton 발생시키려고 할 때 시간당 연료소비량은? (단, 저위발열량은 10000kcal/kg이고 급수온도는 25℃이다.)

해설 & 답

연료소비량 $= \dfrac{12 \times 1000 \times (740-20)}{0.8 \times 10000} = 1080 \text{kg/h}$

Question 02

다음은 수관식 보일러 결점에 관한 것이다. 아래 보기를 보고 (   )속에 알맞은 말을 써 넣으시오.

수관 보일러를 원통보일러와 비교할 때 그 결점은 (①)에 비해서 보일러내의 수량이 적으며 또는 (②)이 활발하므로 (③)의 (④)가 현저하며 언제나 (⑤)에 주의하고 항상 (⑥)에 주의하지 않으면 과열현상이 발생하기 쉽다.

[보기] ⓐ 수면계 이상 여부   ⓑ 보일러수   ⓒ 증발   ⓓ 압력계
　　　　ⓔ 급수   　　　　　　ⓕ 전열면적　 ⓖ 예열　 ⓗ 감소

해설 & 답

① 전열면적　　　② 증발
③ 보일러수　　　④ 감소
⑤ 수면계이상 여부　⑥ 급수

Question 03

증발계수를 구하시오. (단, 증기의 엔탈피 650kcal/kg, 급수온도 25℃ 이다.)

해설 & 답

증발계수 $= \dfrac{h'' - h'}{539} = \dfrac{650 - 25}{539} = 1.159$

Question 04

KS 기준에서는 질별 특성에 따라 아래와 같이 분류한다. 배관기호와 두꺼운 순서대로 쓰시오.

연질, 반연질, 경질

해설 & 답

① 배관기호 : 연질(O), 반연질(OL), 경질(H)
② 두꺼운 순서 : 경질 > 반연질 > 연질

Question 05

일일가동시간 8시간, 관수농도 3000PPM, 급수농도 30PPM, 일일분출량 1000l, 시간당 응축수 회수율이 34%일 때 일일분출량은?

해설 & 답

일일분출량 $= \dfrac{1000 \times (1-0.34) \times 8 \times 30}{3000 - 30} = 53.33 l/\text{day}$

Question 06

급수밸브의 크기를 전열면적에 따라 구분하시오.

해설 & 답

① 전열면적이 $10m^2$ 이하 : 15A 이상
② 전열면적이 $10m^2$ 초과 : 20A 이상

Question 07

보일러에서 사용하는 청관제의 종류 5가지를 쓰시오.

해설 & 답

① 가성소다 ② 탄산소다
③ 인산소다 ④ 암모니아
⑤ 히드라진

Question 08

열정산결과 다음 값을 얻었다. 이때 단위연료당 공기의 현열을 계산하시오. (단, 연소용공기온도 60℃, 외기온도 20℃, 공기비 1.3, 공기비열 0.31kcal/Nm³℃, 연료 1kg당 이론공기량 10.4Nm³/kg)

해설 & 답

공기의 현열 $= mA_o C \Delta t = 1.3 \times 10.4 \times 0.31 \times (60-20)$
$= 167.65 kcal/kg$

Question 09

석유의 비중을 측정시 4℃ 물에 대한 몇 ℃의 석유 무게인가?

해설 & 답

15℃

Question 10

냉각레그 배관의 주증기주관 관말 트랩 배관에서 증기주관에서 응축수를 건식 환수주관에 배출하려면 주관과 동경으로 (①)mm 이상 내리고 하부로 (②)mm 이상 연장해 드레인 포켓을 만들어 준다. 냉각관은 트랩앞에서 (③)m 이상 떨어진 곳까지 나관배관으로 하여야 하는가?

해설 & 답

① 100   ② 150   ③ 1.5

Question 11

가용전 설치에 있어 다음 온도에 따른 주석과 납의 합금비율을 적으시오. (150℃, 200℃, 250℃)

해설 & 답

온도	주석	납
150℃	10	3
200℃	3	3
250℃	3	10

Question 12

LNG 및 LPG 성분 다음 (   )안에 들어갈 내용을 쓰시오.

메탄가스의 액화온도 (①   )℃이며 액화천연가스 주성분 (②   )이며 액화석유가스의 주성분 (③   )과 (④   )가 있다.

해설 & 답

① −162℃   ② 메탄   ③ 프로판   ④ 부탄

Question 13

댐퍼의 주된설치 목적은 (①   )의 열 배기가스량을 (②   )하에 일정한 (③   )을 유지하기 위함이다.

해설 & 답

① 연도   ② 조절   ③ 통풍력

Question 14

과열증기 사용시의 단점 3가지를 쓰시오.

해설 & 답

① 고온 부식의 우려가 있다.
② 가열장치에 열응력이 생긴다.
③ 증기의 열에너지가 크므로 열손실이 많다.

Question 15

배관의 열 팽창계수는 리스트레인하고, 진동흡수는 (①)가 하고 유압식과 스프링식이 있으며 종류는 (②), (③), 진동방지는 (④) 배관내 워터햄머와 진동해소는 (⑤)가 한다.

해설 & 답

① 브레이스　② 방진기　③ 완충기
④ 방진기　⑤ 완충기

Question 16

쪽수 30.5C 방열기로서 높이는 650mm이고 유입관경은 25mm 이며 유출관경은 20mm이다. 방열기를 도시하시오.

해설 & 답

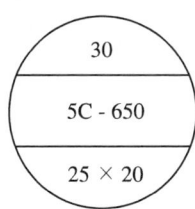

Question 17

연소가스중의 산소는 6%였다. 이 경우의 공기비(m)를 계산하면 얼마인가?

해설 & 답

$$m = \frac{21}{21 - O_2} = \frac{21}{21 - 6} = 1.4$$

Question 18

고온부식과 저온부식이 일어나는 곳 각 2가지씩 쓰시오.

해설 & 답

① 고온부식 : 과열기, 재열기
② 저온부식 : 절탄기, 공기예열기

Question 19

보일러 수압시험시 공기를 빼고 물을 채운 후 천천히 압력을 가하여 규정된 시험수압에 도달된 후 (①)분 이상 경과된 뒤에 검사를 실시하며 시험수압은 규정압력의 (②)% 이상을 초과하지 않도록 한다.

해설 & 답

① 30분
② 6

Question 20

산의 종류 4가지를 쓰시오.

해설 & 답

① 황산   ② 염산   ③ 질산   ④ 인산

Question 01
유기산의 종류 4가지를 쓰시오.

해설 & 답

① 하트록산   ② 구연산
③ 옥살산   ④ 설파민산

Question 02
다음 보일러의 출력이 얼마인지 계산하시오.

상당방열면적 500m², 온수량 500kg, 온수온도 70℃, 공급온도 10℃, 예열부하 1.45, 배관부하 0.25, 출력저하계수 0.69, 물의 비열 1kcal/kg℃이다.

해설 & 답

$$출력 = \frac{(Q_1 + Q_2)(1+\alpha)B}{K}$$
$$= \frac{500 \times 650 + 500 \times (70-10) \times (1+0.25) \times 1.45}{0.69}$$
$$= 932518.12 \text{kcal/h}$$

Question 03

다음 ( )안에 적당한 용어를 쓰시오.

연료가 외부로부터 열을 필요로 하지 않고 스스로 발생하는 열로서 연소를 계속할 수 있는 최저온도를 (①) 온도라 하며 점화원에 의해서 불이 붙는 최저온도를 (②) 온도라 한다.

해설 & 답

① 착화　　② 인화

Question 04

다음 ( )안에 알맞은 말을 넣으시오.

노통(연관)보일러에서 경판과 동판을 지지하는데 사용하는 3각모양의 평판을 (①)라고 하며, 이 스테이는 그루빙 현상을 일으키지 않도록 (②) 스페이스를 충분히 취하여야 한다.

해설 & 답

① 가세트스테이　　② 브리징

Question 05

액체연료의 연소장치에서 다음 설명에 해당하는 중유버너의 명칭을 쓰시오.

(1) 고압의 증기 및 공기 또는 저압의 증기를 이용하여 무화시키는 버너
(2) 연료유를 가압하여 노즐을 이용 분출 무화시키는 버너
(3) 분무컵을 고속회전시켜 무화시키는 버너

해설 & 답

(1) 이류체 분무식 버너
(2) 유압분무식 버너
(3) 회전분무식 버너

Question 06

연돌높이가 80m, 배기가스온도가 165℃, 외기온도 28℃, 외기공기 비중량 1.29kg/m³, 배기가스비중량 1.35kg/m³일 때 이론통풍력을 구하시오.

해설 & 답

$$Z = 273H\left(\frac{r_a}{T_a} - \frac{r_g}{T_g}\right) = 273 \times 80 \times \left(\frac{1.29}{273+28} - \frac{1.35}{273+165}\right)$$
$$= 26.28 \text{mmAq}$$

Question 07

유량이 2m³/min, 펌프에서 수면까지의 높이 5m, 펌프에서 필요높이 14m, 감쇄높이 2m이고 펌프의 효율이 80%일 때 동력(kW)를 구하시오.

해설 & 답

$$\text{kW} = \frac{r \times Q \times H}{102 \times E \times 60} = \frac{1000 \times 2 \times (5+14+2)}{102 \times 0.8 \times 60} = 8.578 \text{kW}$$

Question 08

바이패스 배관도를 도시하시오. (단, 부속품은 밸브 3, 유니온 3, 티이 2, 엘보 2, 여과기 1)

해설 & 답

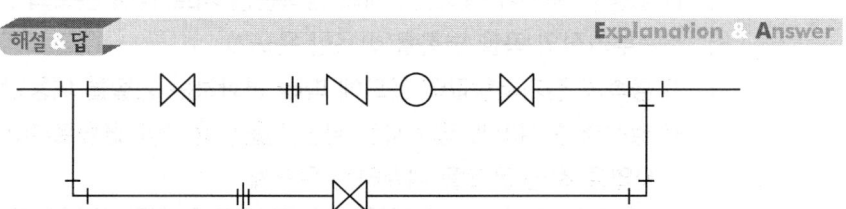

Question 09

다음 공구의 사용처를 쓰시오.
(1) 파이프커터 (2) 다이헤드식 나사 절삭기
(3) 링크형 파이프 커터 (4) 사이징투울
(5) 봄볼

해설 & 답

(1) 강관절단 (2) 강관나사절삭
(3) 주철관 절단 (4) 동관 원형 가공
(5) 연관주관에 구멍을 내는 공구

Question 10

판을 굽힐 때 굽힘 하중을 제거하면 굽힘각은 작고 굽힘반경은 커지는 현상을 무엇이라 하는가?

해설 & 답

스프링백 현상

Question 11

다음은 온도를 측정하는 원리를 설명한 것이다. 각 설명에 해당하는 온도계의 종류를 쓰시오.
(1) 열팽창 계수가 상이한 2개의 금속판을 서로 붙여 온도의 변화에 따른 구부러짐의 곡을 변화를 이용한 온도계
(2) 금속의 전기저항값이 온도에 따라 변화하는 성질을 이용한 온도계
(3) 열전대를 여러개 접촉시킨 열전대를 이용하여 물체로부터 나오는 복사열을 측정 온도를 계측하는 온도계

해설 & 답

(1) 바이메탈 온도계 (2) 전기저항 온도계 (3) 방사 온도계

Question 12

보일러 트랩 입구 압력이 15kg/cm²이고 트랩의 최고허용 배압이 12kg/cm²일 때 트랩의 배압허용도는 %인가?

해설 & 답

$$\therefore \frac{12}{15} \times 100 = 80\%$$

Question 13

상당증발량을 구하는 공식을 쓰시오.

해설 & 답

$$G_e = \frac{G \times (h'' - h')}{539}$$

여기서, $G(\mathrm{kg/h})$: 실제증발량
$h''(\mathrm{kcal/kg})$: 발생증기 엔탈피
$h'(\mathrm{kcal/kg})$: 급수엔탈피 또는 급수온도
$539(\mathrm{kcal/kg})$: 증발잠열

Question 14

다음을 설명하시오.
(1) 피드백제어   (2) 시컨스제어

해설 & 답

(1) 출력측의 신호를 입력측으로 되돌려 정정동작을 행하는 제어
(2) 미리 정해진 순서에 의해 제어의 각 단계가 순차적으로 진해하는 제어

Question 15. 인터록이란 무엇이며 종류 5가지를 쓰시오.

① 인터록 : 구비 조건이 맞지 않을 때 그 조건이 충족될 때까지 다음 단계를 정지시키는 것
② 종류 : 저수위인터록, 저연소인터록, 불착화인터록, 압력초과인터록, 프리퍼지인터록

Question 16. 매초당 50ℓ의 물을 송출시킬 수 있는 급수펌프에서 양정이 7.5m 펌프의 효율이 80%일 경우 펌프의 소요동력 PS는?

$$PS = \frac{r \times Q \times H}{75 \times E} = \frac{1000 \times 0.05 \times 7.5}{75 \times 0.8} = 6.25 PS$$

Question 17. 기체연료의 특징 5가지를 쓰시오.

① 적은 공기량으로 완전 연소가 가능하다.
② 가스누설시 폭발의 위험 있다.
③ 발열량이 낮은 연료로 고온을 얻을 수 있다.
④ 운반, 저장이 어렵다.
⑤ 황분, 회분이 거의 없어 전열면 오손이 거의 없다.

필답형 예상문제 제 09 회

Question 01
수분이 함유된 연료가 보일러에 공급시 발생하는 현상을 3가지 쓰시오.

해설 & 답

① 무화가 고르지 못하다.
② 화염의 위치가 바뀐다.
③ 화염이 꺼진다.

Question 02
다음 각항의 ( )안 적당한 용어로 넣으시오.

중유 연소에 있어서 (①)이란 중유중에 포함되어 있는 바나듐이 연소에 의하여 (②)하여 (③)으로 되어 (④)등에 융착하여 그 부분을 부식시키는 것을 말한다. 또한 (⑤)이란 연료중의 (⑥)이 연소해서 (⑦)가 되고 그 일부는 다시 산화하여 (⑧)로 된다. 이들이 가스중의 (⑨)와 화합하여 황산이 되어 보일러의 저온전열면, 연도, 굴뚝 등에 접촉하면 응축해서 부식을 일으키는 현상

해설 & 답

① 고온부식   ② 산화
③ 오산화바나듐   ④ 과열기
⑤ 저온부식   ⑥ 황
⑦ SO_2 ⑧ SO_3
⑨ H_2O

Question 03

신축이음의 종류 4가지를 쓰시오.

해설 & 답

① 루우프형 ② 슬리이브형
③ 벨로우즈형 ④ 스위블형

Question 04

다음을 답하시오.

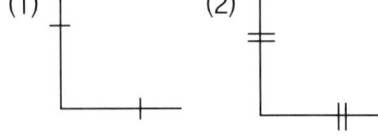 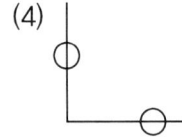

해설 & 답

(1) 나사이음 (2) 플랜지이음
(3) 용접이음 (4) 땜이음

Question 05

보염장치의 종류 4가지를 쓰시오.

해설 & 답

① 윈드박스 ② 콤버스터
③ 스테빌라이져 ④ 버너타일

06. 인젝터 작동불능 원인 5가지를 쓰시오.

해설 & 답

① 급수온도가 높을 때 (50℃ 이상시)
② 증기압력이 낮거나 높을 때
③ 증기중의 수분혼입시
④ 흡입측으로 공기누입시
⑤ 인젝터 노즐 불량시

07. 보일러 열정산 중 열손실에 해당하는 것 5가지를 쓰시오.

해설 & 답

① 배기가스 손실열
② 불완전 연소에 의한 손실열
③ 방사에 의한 손실열
④ 미연분에 의한 손실열
⑤ 발생증기 보유열

08. 보일러 열정산중 입열사항 5가지를 쓰시오.

해설 & 답

① 연료의 현열   ② 연료의 연소열
③ 급수의 현열   ④ 공기의 현열
⑤ 노내분입증기 보유열

Question 09
증기관에서 수격작용 방지법 5가지를 쓰시오.

해설 & 답

① 주증기변을 서서히 연다.
② 증기트랩 설치
③ 증기관 보온
④ 증기관의 굴곡을 피한다.
⑤ 증기관의 경사도를 준다.

Question 10
어떤 수관 보일러의 수관의 외경이 50mm, 수관의 1개 길이가 7m 수관갯수는 150개였다. 이 수관 보일러의 전열면적은?

해설 & 답

$A(m^2) = \pi DLN = 3.14 \times 0.05 \times 7 \times 150 = 164.85 \mathrm{m}^2$

Question 11
강관의 이음방법 3가지를 쓰시오.

해설 & 답

① 나사이음   ② 용접이음   ③ 플랜지이음

Question 12

압력계의 종류 3가지를 쓰시오.

해설 & 답

① 브르돈관식 압력계
② 벨로우즈식 압력계
③ 다이어프램식 압력계

Question 13

포밍이란?

해설 & 답

유지분 등으로 인해 수면이 거품으로 뒤덮히는 현상

Question 14

파이프벤더 작업시 관 파손 원인을 쓰시오.

해설 & 답

① 굽힘 반경이 너무 크다.
② 관의 받침쇠가 너무 들어가 있다.
③ 벤더구경과 관경의 차이가 너무 크다.

Question 15

온수난방시 온수온도가 92℃, 출구온도가 70℃ 실내온도가 18℃일 때 주철제 방열기의 방열량은? (단, 온수난방 표준온도차 62℃이다.)

해설 & 답

방열기 방열량 = 표준방열량 × $\dfrac{\Delta tm}{\Delta t}$

$$= 450 \times \dfrac{\left(\dfrac{92+70}{2} - 18\right)}{62} = 587.9 \text{kcal/h}$$

Question 16

급수내관 설치이점 3가지를 쓰시오.

해설 & 답

① 열응력 발생방지   ② 부동팽창방지
③ 급수일부가 예열   ④ 관수교란방지

Question 17

보일러에 설치하는 안전밸브는 25A 이상이어야 하나 20A 이상으로 할 수 있는 경우는?

해설 & 답

① 최고사용압력이 0.1MPa 이하인 보일러
② 최고사용압력이 0.5MPa 이하이고 동체 안지름이 500mm 이하이고 동체의 길이가 1000mm 이하인 것
③ 최대증발량이 5T/h 이하인 관류 보일러
④ 최고사용압력이 0.5MPa 이하이고 전열면적이 $2m^2$ 이하인 보일러
⑤ 소용량 보일러

Question 18

연소가스 분석결과 CO_2=12.6%, O_2=6.4%, CO=0일 때 CO_2(max %)를 구하시오.

해설 & 답

$$CO_2(\max)\% = \frac{21 \times CO_2}{21 - O_2} = \frac{21 \times 12.6}{21 - 6.4} = 18.12\%$$

필답형 예상문제 제 10 회

Question 01 급수사용량이 500m³/h, 전양정이 20m, 급수펌프의 효율이 80%일 때 사용되는 급수펌프의 동력은? (kW)

해설 & 답

$$kW = \frac{r \times Q \times H}{102 \times E \times 60} = \frac{1000 \times 500 \times 20}{102 \times 0.8 \times 3600} = 34.04 kW$$

Question 02 프로판 5Nm³을 완전연소시키는데 필요한 이론공기량은?

해설 & 답

$$\begin{array}{cccc} C_3H_8 & + \ 5O_2 & \rightarrow \ 3CO_2 & + \ 4H_2O \\ 44kg & 5 \times 32kg & 3 \times 44kg & 4 \times 18kg \\ 22.4Nm^3 & 5 \times 22.4Nm^3 & 3 \times 22.4Nm^3 & 4 \times 22.4Nm^3 \\ 5Nm^3 & x & & \end{array}$$

$$x = \frac{5Nm^3 \times 5 \times 22.4Nm^3}{22.4Nm^3} = 25Nm^3/Nm^3$$

$$\therefore A_o(\text{이론공기량}) = \frac{O_o}{0.21} = \frac{25}{0.21} = 119.04Nm^3$$

Question 03

중유의 고위 발열량이 9800kcal/kg일 때 저위 발열량은 얼마인가?
(단, 연료중의 수소성분 12%, 수분(W) 0.5%)

해설 & 답

$$Hl = Hh - 600(9H + W)$$
$$= 9800 - 600(9 \times 0.12 + 0.005) = 9149 \text{kcal/kg}$$

Question 04

다음은 보일러 산세관에 대한 설명이다. ( )안에 알맞은 말을 쓰시오.

보일러에 경질 스케일이 존재할 때 촉진제로 (①)을 첨가하거나 알카리 세관 후 (②)을 넣고 팽윤시킨 후 (③)을 하면 양호한 세관 효과를 얻을 수 있다.

해설 & 답

① 불화수소산   ② 계면활성제   ③ 산세관

Question 05

다음 관의 높이 표시기호에 대하여 설명하시오.

해설 & 답

① TOPEL – 2000 : 관의 윗면까지의 높이가 2000mm
② BOPEL – 1500 : 관의 아랫면까지의 높이가 1500mm

Question 06
배관과의 거리를 쓰시오.

해설 & 답

① 전선 : 15cm 이상
② 접속기, 점멸기, 굴뚝 : 30cm 이상
③ 안전기, 계량기, 개폐기, 콘센트 : 60cm 이상

Question 07
증기 보일러의 과열방지 대책 3가지를 쓰시오.

해설 & 답

① 저수위 사고시
② 전열면의 국부과열
③ 동내면에 스케일 생성

Question 08
관류 보일러에서 증기는 얻는 과정은 증발관에서 (①), (②), (③)을 거쳐서 발생된다.

해설 & 답

① 가열   ② 증발   ③ 과열

Question 09
관류 보일러의 종류 5가지를 쓰시오.

Explanation & Answer

① 슐처
② 옛모스
③ 벤숀
④ 람진
⑤ 가와사키

Question 10
관류 보일러의 특징을 쓰시오.

Explanation & Answer

① 순환비가 1이다. $\left(\dfrac{급수량}{증발량}\right)$
② 급수처리가 까다롭다.
③ 증발이 빠르다.
④ 내부구조 복잡, 청소, 검사수리곤란
⑤ 부하변동에 대한 압력변화 크다.

Question 11
포스트퍼지와 프리퍼지를 설명하시오.

Explanation & Answer

① 포스트퍼지 : 점화 후 댐퍼를 열고 연소실이나 연도내의 미연소가스를 송풍기를 이용 내보내는 것
② 프리퍼지 : 점화 전 댐퍼를 열고 연소실이나 연도내의 미연소가스를 송풍기를 이용 내보내는 것

Question 12

싸이폰관을 설명하시오.

해설 & 답

① 기능 : 고온의 증기나 물로부터 압력계보호
② 안지름 : 6.5mm 이상
③ 동관 : 6.5mm 이상 (온도차 210℃(483°K) 초과시 사용금지)
④ 강관 : 12.7mm 이상

Question 13

소요전력이 40kW이고, 펌프의 효율은 80%, 흡입양정 16m, 토출양정 10m인 급수펌프의 송출량은 (m³/min)인가?

해설 & 답

$$\mathrm{kW} = \frac{r \times Q \times H}{102 \times E \times 60} \text{에서}$$

$$Q = \frac{kw \times 102 \times E \times 60}{r \times H} = \frac{40 \times 102 \times 0.8 \times 60}{1000 \times 26} = 7.53 \mathrm{m^3/min}$$

Question 14

다음 ( )을 채우시오.

공기유량 자동조절기능은 가스용 보일러 및 용량 (①)T/h 난방전용은 (②)T/h 이상인 유류 보일러에는 (③) 따라 (④)을 자동조절하는 기능이 있어야 한다. 이때 보일러 용량이 kcal/h로 표시되었을 경우 (⑤)만 kcal/h를 1 T/h로 환산한다.

해설 & 답

① 5
② 10
③ 공급연료량
④ 연소용공기
⑤ 60

Question 15

제어량과 조작량의 관계를 표로 설명하시오.

해설 & 답

제어	제어량	조작량
S.T.C	(과열증기온도)	전열량
F.W.C	보일러 수위	(급수량)
A.C.C	(증기압력계제어) 노내압력계제어	(연료량)(공기량) 연소가스량, 송풍량

Question 16

보일러 동내부에 설치하는 부속품을 쓰시오.

해설 & 답

① 비수방지관　② 기수분리기
③ 급수내관　　④ 수면분출장치

Question 17

증기트랩의 구비조건 5가지를 쓰시오.

해설 & 답

① 마찰저항이 적을 것
② 작동이 확실할 것
③ 내식성이나 내마모성이 있을 것
④ 공기빼기가 가능할 것
⑤ 봉수가 확실할 것

필답형 예상문제 제 11 회

Question 01
유기질 보온재를 쓰시오.

해설 & 답

① 폼류 : ㉠ 경질우레탄폼
　　　　㉡ 폴리스틸렌폼　80℃ 이하
　　　　㉢ 염화비닐폼
② 텍스류 : ㉠ 톱밥 ㉡ 녹재 ㉢ 펄프 : 100℃ 이하
③ 펠트류 : ㉠ 양모 ㉡ 우모 : 120℃ 이하
④ 콜크류 : ㉠ 탄화콜크 : 130℃ 이하
⑤ 기포성수지

Question 02
무기질 보온재를 쓰시오.

해설 & 답

① 탄산마그네슘 : 안전사용온도 250℃ 이하
② 그라스울 : 안전사용온도 300℃ 이하
③ 석면 : 안전사용온도 400℃ 이하
④ 규조토 : 안전사용온도 500℃ 이하
⑤ 암면 : 안전사용온도 600℃ 이하
⑥ 규산칼슘 : 안전사용온도 650℃ 이하
⑦ 실리카화이버 : 안전사용온도 1100℃ 이하
⑧ 세라믹화이버 : 안전사용온도 1300℃ 이하

Question 03

건물내에 설치된 방열기의 상당방열면적이 1000m²이고 증기생성시 물의 증발잠열은 539kcal/kg일 때 전체응축수량은 몇 kg/h인가? (단, 배관내의 응축수량은 방열기내 응축수량 20%로 본다.)

해설 & 답

전응축수량 = $\dfrac{Q}{r} \times 1.3 = \dfrac{1000 \times 650 \times 1.3}{539} = 1567.71 \text{kg/h}$

Question 04

다음을 설명하시오.
(1) 탁도 (2) 수소이온농도
(3) 알카리도 (4) 경도

해설 & 답

(1) **탁도** : 물속의 현탁한 불순물에 의하여 물의 탁한정도를 표시
(2) **수소이온농도** : 물의 이온적으로 산성, 중성, 알카리도를 표시
(3) **알카리도** : 수중에 녹아있는 탄산수소등의 수중의 알칼리도를 표시
(4) **경도** : 물을 연수와 경수로 구분하는 척도

Question 05

다음을 설명하시오.
(1) STLT (2) SPPW (3) STPG
(4) STH (5) SPA

해설 & 답

(1) **STLT** : 저온열교환기용 탄소강관
(2) **SPPW** : 수도용아연도금강관
(3) **STPG** : 수도용도복장강관
(4) **STH** : 보일러열교환기용 탄소용강관
(5) **SPA** : 배관용 합금강관

Question 06

보일러의 외부청소 방법 5가지를 쓰시오.

해설 & 답

① 스팀쇼킹법   ② 워터쇼킹법
③ 에어쇼킹법   ④ 스틸쇼트크리닝법
⑤ 샌드블로우법

Question 07

습식집진장치의 종류 3가지를 쓰시오.

해설 & 답

① 유수식
② 세정식
③ 가압수식 - 벤튜리스크레버, 싸이클론스크레버, 충전탑

Question 08

다음 공구의 크기를 나타내시오.
(1) 파이프렌치   (2) 파이프커터   (3) 쇠톱
(4) 파이프바이스   (5) 수평바이스

해설 & 답

(1) 파이프렌치 : 입을 최대로 벌려놓은 전장
(2) 파이프커터 : 관을 절단할 수 있는 최대의 관경
(3) 쇠톱 : 피팅홀의 간격
(4) 파이프바이스 : 고정가능한 관경의 최대치수
(5) 수평바이스 : 조우의 폭

Question 09

탄소 5kg이 공기비 1.2에서 연소에 필요한 공기량은 몇 Nm^3인가?

해설 & 답

$$C + O_2 \rightarrow CO_2$$

12kg   32kg   44kg

$22.4Nm^3$ $22.4Nm^3$ $22.4Nm^3$

∴ 12kg = $22.4Nm^3$

    5kg = x

$$x = \frac{5kg \times 22.4Nm^3}{12kg} = 9.33Nm^3$$

$$\therefore A_o = \frac{9.33}{0.21} = 44.43Nm^3$$

$$A = m \times A_o = 1.2 \times 44.43 = 53.31Nm^3$$

Question 10

풍량이 $30m^3/min$, 양정이 20m, 송풍기의 소요동력이 4kW이고 회전수가 1000rpm이다. 회전수를 1200rpm으로 증가시킬 경우, 풍량, 양정, 동력을 구하시오.

해설 & 답

① 풍량 : $Q' = Q \times \left(\frac{N_2}{N_1}\right)^1 = 30 \times \left(\frac{1200}{1000}\right)^1 = 36m^3/min$

② 양정 : $H' = H' \times \left(\frac{N_2}{N_1}\right)^2 = 20 \times \left(\frac{1200}{1000}\right)^2 = 28.8m$

③ 동력 : $kW' = kw \times \left(\frac{N_2}{N_1}\right)^3 = 4 \times \left(\frac{1200}{1000}\right)^3 = 6.91kW$

Question 11. 동관용 공구 5가지를 쓰시오.

해설 & 답

① 익스펜더 ② 사이징투울
③ 튜브커터 ④ 튜브벤더
⑤ 플레어링투울셋

Question 12. 연관용공구 3가지를 쓰시오.

해설 & 답

① 봄볼 ② 드레서
③ 마아레트 ④ 터어핀

Question 13. 수면계 점검순서를 쓰시오.

해설 & 답

① 증기콕크와 물콕크를 잠근다.
② 드레인콕크를 열어 수면계의 물을 드레인 시킨다.
③ 물콕크를 열고 점검 후 닫는다.
④ 증기콕크를 열고 확인 후 닫는다.
⑤ 드레인콕크를 닫는다.
⑥ 증기콕크를 연다.
⑦ 물콕크를 서서히 연다.

Question 14

보일러수위제어 검출기구 3가지를 쓰시오.

해설 & 답

① 부자식(플로우트식)
② 전극식
③ 열팽창식(코우프스식)

Question 15

증기난방법의 분류방법과 종류를 쓰시오.

해설 & 답

① 배관방식에 따른 분류
  ㉠ 단관식 ㉡ 복관식
② 증기공급방식에 따른 분류
  ㉠ 상향식 ㉡ 하향식
③ 응축수환수방식에 따른 분류
  ㉠ 중력환수식 ㉡ 기계환수식 ㉢ 진공환수식

Question 16

온수보일러설치 후 점화전 점검사항 5가지를 쓰시오.

해설 & 답

① 자동제어장치의 점검
② 연료 및 연소장치의 점검
③ 분출 및 분출장치의 점검
④ 수위점검
⑤ 프리퍼지 상태

Question 17. 슬러지의 주성분 5가지를 쓰시오.

해설 & 답

① 산화철 ② 수산화물
③ 탄산염 ④ 탄산마그네슘
⑤ 수산화마그네슘

Question 18. 보온재의 구비조건을 쓰시오.

해설 & 답

① 비중이 적을 것(가벼울 것)
② 열전도율이 적을 것(보온능력이 클 것)
③ 사용온도에 견디고 변질되지 말 것
④ 기계적 강도가 있어야 한다.
⑤ 다공질이며 기공이 균일해야 한다.

Question 19. 부정형 내화물의 종류 3가지를 쓰시오.

해설 & 답

① 캐스터불 내화물
② 플라스틱
③ 내화모르타르

Question 20
급수내관의 설치목적 및 설치위치를 쓰시오.

해설 & 답

① 설치목적 : 열응력 발생으로 인한 동 내부 부동팽창방지
② 설치위치 : 안전저수위 50mm 하부

Question 21
저온부식 방지책 5가지를 쓰시오.

해설 & 답

① 연료중의 황분제거
② 배기가스 온도를 노점온도 이상 유지
③ 저온의 전열면 표면에 내식재료사용
④ 저온의 전열면 표면에 방청도장 실시
⑤ 양질의 연료선택
⑥ 적정공기비로 연소시킨다.

필답형 예상문제 제 12 회

Question 01
스케일의 주성분 4가지

해설 & 답

① 황산칼슘 ② 수산화칼슘
③ 탄산칼슘 ④ 인산칼슘

Question 02
보일러를 수동으로 점화할 때 정상연소시까지의 다음조작사항 들을 차례대로 나열하시오.

① 통풍압을 조절하고, 점화봉을 버너선단에 놓는다.
② 연료밸브를 조절하여 불꽃상태를 안정시킨다.
③ 연료유를 예열한다.
④ 버너를 기동하고, 불을 붙인다.
⑤ 연도의 댐퍼를 열고, 프리퍼지 시킨다.

해설 & 답

③ → ⑤ → ① → ④ → ②

Question 03. 고온부식과 저온부식의 원인, 첨가제를 쓰시오.

해설 & 답

① 원 인 : ㉠ 고온부식 : 바나듐
　　　　　㉡ 저온부식 : 황
② 첨가제 : ㉠ 고온부식 : 돌로마이트, 알루미나분말
　　　　　㉡ 저온부식 : 돌로마이트, 암모니아, 아연

Question 04. 보일러에 사용하는 경판의 종류 4가지를 쓰시오.

해설 & 답

① 반구형경판　　② 타원형경판
③ 접시형경판　　④ 평형경판

Question 05. 내화모르타르의 구비조건 5가지를 쓰시오.

해설 & 답

① 팽창 또는 수축이 적을 것
② 내화도가 높을 것
③ 사용온도에서 연화, 변형되지 않을 것
④ 화학적으로 안정할 것
⑤ 내마모성이 클 것

06. 매연 농도 측정기구 5가지를 쓰시오.

해설 & 답

① 링겔만 매연 농도계 ② 매연포집중량계
③ 광전관식농도계 ④ 바카라치스모그테스트
⑤ 로버트농도표

07. 다음 문장의 ( )내에 적당한 말을 넣어 문장을 완결하시오.

보일러내에는 보일러본체, 과열기, 절탄기, 공기예열기, 부속장치, 부품 등으로 이루어져 있는데 본체는 보일러 동 또는 다수의 (①)으로 구성되어 있고 연소시 발생하는 열을 물에 전달하는 절연면은 (②)와 (③)가 있다.

해설 & 답

① 수관   ② 복사   ③ 대류

08. 보일러 급수설비로 사용되는 왕복동 펌프의 종류를 3가지만 쓰시오.

해설 & 답

① 워싱턴   ② 웨어   ③ 플런저

Question 09

비접촉식 온도계의 특징 3가지를 쓰시오.

해설 & 답

① 이동물체의 온도측정이 가능하다.
② 피측정물체의 열적 교란이 없다.
③ 온도보정률이 크다.

Question 10

다음은 보일러 급수중의 불순물로 인해 발생하는 해의 종류이다. 보기 중에서 해당하는 불순물을 쓰시오.

해설 & 답

① 스케일생성 및 과열 : 염류
② 가성취화 및 크랙 : 알카리성분
③ 과열, 부식 및 포밍발생 : 유지류
④ 부식(점식) : 용존가스류

Question 11

수관식 보일러 수냉로 벽의 종류 3가지를 쓰시오.

해설 & 답

① 스킨수냉벽   ② 피복수냉벽   ③ 멤브렌휠수냉벽

Question 12

역화의 원인 5가지를 쓰시오.

해설 & 답

① 프리퍼지, 포스트퍼지 부족시
② 점화시 착화가 늦은 경우
③ 공기보다 연료먼저 투입시
④ 연료중의 수분 및 협잡물 혼입시
⑤ 압입통풍이 강할 경우
⑥ 흡입통풍부족시

Question 13

공기예열기, 절탄기 설치시 단점 4가지를 쓰시오.

해설 & 답

① 통풍저항증가
② 저온부식발생
③ 청소 및 취급이 어렵다.
④ 연도내재 및 퇴적물 생성

Question 14

통계적으로 보일러 급수온도가 6℃ 상승함에 따라 약 1%의 연료가 절감된다. 응축수를 회수하여 보일러 급수로 재사용할 경우 이점 3가지를 쓰시오.

해설 & 답

① 급수처리할 필요가 없다.
② 열효율이 향상된다.
③ 증발이 빠르다.

Question 15

다음 (   )안을 완성하시오.

공기량이 과다할 경우 노내온도는 (①)게, CO_2(%)는 (②)하고 O_2[%]는 (③)한다.

해설 & 답

① 낮   ② 감소   ③ 증가

Question 16

댐퍼에서 (①)의 열배기가스량을 (②)하여 (③) 유지한다.

해설 & 답

① 연도   ② 조절   ③ 통풍력

Question 17

다음 물음에 답하시오.
(1) 불씨없이 스스로 불이 붙는 온도
(2) 점화원에 의해 연소되는 최저온도

해설 & 답

(1) 착화온도
(2) 인화온도

Question 18

자연통풍방식에서 통풍력을 증가시키려면 어떻게 해야 하는지 3가지 쓰시오.

해설 & 답

① 굴뚝이 높이를 높게 한다.
② 굴뚝의 단면적을 넓게 한다.
③ 배기가스 온도를 높게 한다.

Question 19

다음 항목을 간단히 설명하시오.
(1) 플라이밍(Priming)
(2) 포밍(foaming)
(3) 캐리오버(carry over)

해설 & 답

(1) **플라이밍**(Priming) : 증기발생시 수면으로부터 작은 물방울이 위로 튀어오르는 현상
(2) **포밍**(foaming) : 유지분 등으로 인해 수면이 거품으로 뒤덮히는 현상
(3) **캐리오버**(carry over) : 증기중에 수분이 혼입되어 함께 이송되는 현상

Question 20

보일러 안전장치의 종류 5가지를 쓰시오.

해설 & 답

① 안전밸브
② 화염검출기
③ 방폭문
④ 고, 저수위 경보기
⑤ 압력차단스위치

필답형 예상문제 제 13 회

Question 01
보일러 가동시에 발생할 수 있는 과열의 원인 5가지를 쓰시오.

해설 & 답

① 이상감수　　② 관수순환불량
③ 관수농축　　④ 국부적인화염의 접촉
⑤ 스케일부착 및 슬러지 생성

Question 02
다음은 온수보일러의 시공을 위한 벽관 도면을 나타낸 것이다. 물음에 답하시오. (단, 단위는 mm 이다.)
(1) 90° 엘보우는 몇 개인가?
(2) 파이프를 일직선상으로 연결한 이음쇠의 명칭은?
(3) 방열관의 길이는?

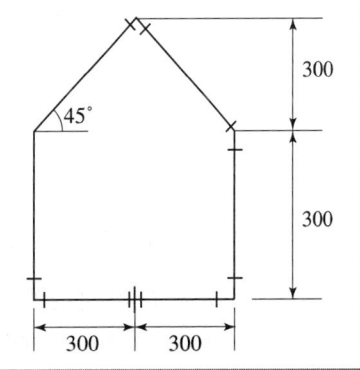

해설 & 답

(1) 3개
(2) 유니온
(3) $(300 \times 4 + 300 \times 1.414 \times 2) = 2648$mm

Question 03

매시간 900kg의 연료를 연소시켜, 매시간 11,200kg의 증기를 발생시키는 보일러의 효율을 계산하시오. (단, 연료의 발열량은 10,000 kcal/kg, 증기엔탈피 740kcal/kg, 급수엔탈피 23kcal/kg이다.)

해설 & 답

$$\text{효율} = \frac{\text{실제증발량} \times (\text{발생증기엔탈피} - \text{급수엔탈피})}{\text{연료소비량} \times \text{저위발열량}} \times 100$$

$$= \frac{11200 \times (740 - 23)}{900 \times 10000} \times 100 = 89\%$$

Question 04

다음 (　)안에 알맞은 말을 넣으시오.

노통연관보일러에서 경판과 동판을 지지하는데 사용하는 3각 모양의 평판을 (①)라 하며 이스테이는 그루빙(grooving)현상을 일으키지 않도록 (②)스페이스를 충분히 취하여야 한다.

해설 & 답

① 가세트스테이
② 브리징

Question 05

다음 4가지 집진장치를 압력손실이 작은 것부터 큰 순서대로 쓰시오.

① 중력집진장치　　② 싸이클론집진장치
③ 벤튜리스크레버　④ 코트렐집진장치

해설 & 답

④ → ① → ③ → ②

Question 06

보일러 열정산에서 발생된 증가량을 알려면 발생증기량을 직접측정하지 않고 증기량 대신 무엇을 측정하는가?

해설 & 답

급수량

Question 07

다음 저항체를 써라.

해설 & 답

① 0~106℃까지 가격저렴, 고온산화 : 구리(동)
② 측정범위가 넓고 안전성, 재현성 : 백금
③ 금속의 소결제로 저항온도계수가 부특성 : 서미스터

Question 08

측정범위가 약 600~2000℃이며 점토, 규석질 등 내연성의 금속산화물을 배합하여 만든 삼각추로서 소송온도에서의 연화변형으로 각 단계에서의 온도를 얻을 수 있도록 제작된 온도계는?

해설 & 답

제겔콘

Question 09

다음 ( )안에 알맞은 말을 써 넣으시오.

차압식 유량계에서의 유량은 차압의 (①)에 비례하며, 피토우관식 유량계는 관로내를 흐르는 유체의 (②)을 측정하고 그 값에 관로의 (③)을 곱하여 유량을 측정한다.

해설 & 답

① 평방근(제곱근) ② 유속 ③ 단면적

Question 10

어떤 수관 보일러의 수관의 외경이 50mm 수관의 1개 길이 7m, 수관의 개수는 150개였다. 이 수관식보일러의 전열면적(m^2)을 구하시오.

해설 & 답

$A = \pi DLN = 3.14 \times 0.05 \times 7 \times 150 = 164.85 m^2$

Question 11

기체연료의 단점을 쓰시오.

해설 & 답

① 수송 및 저장이 곤란하다.
② 설비비가 많이 든다.
③ 폭발의 위험이 있다.

Question 12

송기장치의 종류 5가지를 쓰시오.

해설 & 답

① 비수방지관 ② 기수분리기
③ 주증기밸브 ④ 감압밸브
⑤ 증기헷더 ⑥ 증기트랩
⑦ 증기축열기

Question 13

급수장치의 종류 3가지를 쓰시오.

해설 & 답

① 인젝터 ② 급수내관 ③ 급수펌프

Question 14

다음은 보일러 부속장치에 대한 설명이다. 각 설명에 해당하는 부속장치의 명칭을 쓰시오.

(1) 보일러 전열면 외측에 부착되는 끄을음이나 재를 불어내는 장치로서 증기분사식 또는 공기분사식 등이 있다.
(2) 발생증기를 일시 저장하는 장치로서 저부하시 여분의 증기를 일시저장하였다가 과부하시 저장증기를 방출하는 장치
(3) 증기사용설비 배관내에 응축수를 자동적으로 배출하여 수격작용방지

해설 & 답

(1) 슈트블로우 (2) 증기축열기 (3) 증기트랩

Question 15

원통형 보일러중 입형 보일러의 종류 3가지를 쓰시오.

해설 & 답

① 입형연관 보일러
② 입형횡관 보일러
③ 코크란 보일러

Question 16

기체 또는 고체 연료가 공기중에 가열되었을 때 주위로부터 불씨 접촉 없이 불이 붙는 최저온도를 (①)이라하며 그 온도는 발열량이 (②)수록 분자구조가 (③)할수록 산소농도가 (④)수록 압력이 (⑤)수록 높아진다.

해설 & 답

① 발화점　② 낮을　③ 복잡　④ 옅을　⑤ 낮을

Question 17

예열온도가 너무 높을 경우 단점 4가지를 쓰시오.

해설 & 답

① 탄화물 생성의 원인이 된다.
② 기름의 분해가 일어난다.
③ 분무각도 흐트러진다.
④ 무화상태불량

Question 18

중유의 특징을 알기 위하여 검사해야할 항목 5가지를 쓰시오.

해설 & 답 — Explanation & Answer

① 비중　　② 점도
③ 발열량　④ 인화점
⑤ 유동점 등

Question 19

유리온도계 중 가장 정밀도가 우수하고 실험실용으로 알맞은 온도계는?

해설 & 답 — Explanation & Answer

베크만온도계

Question 20

산성내화물의 종류 4가지를 쓰시오.

해설 & 답 — Explanation & Answer

① 규석질　② 반규석질
③ 납석질　④ 샤모트질

필답형 예상문제 제 14 회

Question 01
기수분리기의 종류 4가지를 쓰시오.

① 싸이클론식 ② 스크레버식
③ 건조스크린식 ④ 배플식

Question 02
수소 2kg이 완전연소하는데 필요한 공기의 양은?

$$2H_2 + O_2 \rightarrow 2H_2O$$

4kg 32kg 2×18kg
$2 \times 22.4 Nm^3$ $22.4 Nm^3$ $2 \times 22.4 Nm^3$

∴ $4kg = 22.4 Nm^3$
$2kg = x$

$$x = \frac{2kg \times 22.4 Nm^3}{4kg} = 11.2 Nm^3$$

∴ $A_o = \dfrac{O_o}{0.21} = \dfrac{11.2}{0.21} = 53.33 Nm^3/kg$

Question 03 저위 발열량을 구하는 공식을 쓰고 설명하시오.

공식 : $Hl = Hh - 600(9H + W)$
설명 : Hl(kcal/kg) 저위발열량
Hh(kcal/kg) 고위발열량
H(수소) %
W(수분) %

Question 04 안전밸브의 밸브시트 누설원인 5가지를 쓰시오.

① 스프링장력 감쇄시
② 조종압력이 낮은 경우
③ 밸브와 밸브시트의 가공불량
④ 밸브시트에 이물질 혼입시
⑤ 밸브축이 이완된 경우

Question 05 증기압력계의 검사시기 3가지를 쓰시오.

① 두 개의 압력계가 지시값이 서로 다를때
② 신설 보일러의 경우 압력이 오르기전
③ 프라이밍, 포밍발생시

Question 06
플레임 아이의 종류 4가지를 쓰시오.

해설 & 답

① 황화납광도전셀　　② 황화카드뮴광도전셀
③ 자외선광전관　　　④ 적외선광전관

Question 07
내경이 200mm의 관으로 5m³/min의 물이 흐르고 있다. 관의 길이가 120m일 때 마찰손실 수두를 구하시오. (단, 마찰계수는 0.04)

해설 & 답

$$H = \frac{\lambda l V^2}{2gd} = \frac{0.04 \times 120 \times 2.65^2}{2 \times 9.8 \times 0.2} = 10.748\text{m}$$

$$V = \frac{Q}{A} = \frac{5}{0.785 \times 0.2^2 \times 60} = 2.65$$

Question 08
자동연소제어에서 제어가 가능한 제어 3가지를 쓰시오.

해설 & 답

① 증기압력제어　② 노내압력제어　③ 온수온도제어

Question 09

배관의 하중을 위에서 걸어 당기는 기구 3가지를 쓰시오.

해설 & 답

① 스프링행거 ② 리지드행거 ③ 콘스탄트행거

Question 10

증기계통에 사용하는 플래쉬탱크란 무엇인가 쓰시오.

해설 & 답

고압증기 사용설비에서 발생하는 고압의 응축수를 모아 저압의 증기를 발생하여 재사용하는 저압증기발생장치

Question 11

배관속의 물의 유속이 20m/sec일 때 정수두는?

해설 & 답

$$H = \frac{V^2}{2g} = \frac{20^2}{2 \times 9.8} = 20.41\text{m}$$

Question 12

관류 보일러의 특징을 쓰시오.

해설 & 답

① 열효율이 좋다.
② 급수처리가 까다롭다.
③ 내부구조복잡, 청소, 검사수리 곤란
④ 순환비가 1이다.
⑤ 관의 배치가 자유롭다.

Question 13

20℃의 물 100kg을 증기로 변화시 열량은?

해설 & 답

$Q_1 = 20℃ \rightarrow 100℃$ 물 $Q_1 = 100 \times (100 - 20) = 8000$ kcal

$Q_2 = 100℃$ 물 $\rightarrow 100℃$ 증기 $Q_2 = 100 \times 539 = 53900$ kcal

∴ $Q_1 + Q_2 = (8000 + 53900) = 61900$ kcal

Question 14

슈트블로우 사용시 주의사항 5가지를 쓰시오.

해설 & 답

① 부하가 적거나 (50% 이하) 소화후 사용하지 말 것
② 분출하기전 연도내 배충기를 사용 유인통풍증가
③ 분출기내의 응축수를 배출시킨 후 사용할 것
④ 한 곳으로 집중적으로 사용함으로 전열면에 무리를 가하지 말 것
⑤ 연료의 종류, 분출위치 증기의 온도등에 따라 분출시기를 결정할 것

Question 15. 트랩설치시 주의사항 4가지를 쓰시오.

① 트랩입구배관은 보온하지 않는다.
② 트랩입구배관은 입상으로 하지 않는다.
③ 트랩입구배관은 트랩입구를 향해서 내림구배가 좋다.
④ 드레인 배출구에서 트랩입구배관은 굵고 짧게한다.

Question 16. 연료의 연소형태 3가지를 쓰시오.

① 표면연소 : 코크스, 목탄, 숯
② 분해연소 : 석탄, 목재, 종이, 플라스틱
③ 증발연소 : 경유, 등유, 가솔린, 나프탈렌, 송지, 장뇌

Question 17. 증기트랩의 구비조건을 쓰시오.

① 작동이 확실할 것
② 마찰저항이 적을 것
③ 공기빼기가 가능할 것
④ 내구성이 있을 것

Question 18

스케일을 제거할 수 있는 공구의 명칭 5가지를 쓰시오.

해설 & 답

① 스케일 햄머 ② 스케일커터
③ 튜브클리너 ④ 와이어브러쉬
⑤ 스크레이퍼

Question 19

프로판 10kg 연소시 공기량을 계산하시오.

해설 & 답

$$C_3H_8 \quad + \quad 5O_2 \quad \rightarrow \quad 3CO_2 \quad + \quad 4H_2O$$

44kg　　　5×32kg　　3×44kg　　4×18kg

22.4Nm³　5×22.4Nm³　3×22.4Nm³　4×22.4Nm³

$\therefore$ 44kg $= 5 \times 22.4$Nm³

　　10kg $= x$

$$x = \frac{10\text{kg} \times 5 \times 22.4\text{Nm}^3}{44\text{kg}} = 25.45 \text{Nm}^3/\text{kg}$$

$$\therefore A_o = \frac{O_o}{0.21} = \frac{25.45}{0.21} = 121.21 \text{Nm}^3/\text{kg}$$

Question 01

기체연료 연소장치에서 예혼합연소방식 3가지를 쓰시오.

해설 & 답

① 저압버너
② 고압버너
③ 송풍버너

Question 02

보일러에서 연료의 저위 발열량을 Hl, 실제발열량을 Qr, 유효열량을 Qe라할 때 다음 각 효율을 식으로 표시하시오.

해설 & 답

① 연소효율(%) = $\dfrac{Qr}{Hl} \times 100$

② 전열효율(%) = $\dfrac{Qe}{Qr} \times 100$

③ 보일러효율 = $\dfrac{Qe}{Hl} \times 100$

Question 03. 수관 보일러의 장점 4가지를 쓰시오.

① 수관의 배열이 용이하다.
② 전열면적이 커서 효율이 좋다.
③ 구조상 고압 대용량에 적합하다.
④ 증기 발생시간이 빠르다.

Question 04. 산세관시 사용되는 부식 억제제의 종류 5가지를 쓰시오.

① 알콜류   ② 알데히드류
③ 아민유도체   ④ 케톤류
⑤ 수지계물질

Question 05. 보일러의 연소용공기량의 과부족 현상을 판단하는 방법 3가지를 쓰시오.

① 배기가스의 성분분석
② 화염의 색상(휘도)측정
③ 링겔만 농도측정

Question 06

고체연료의 발열량 측정방법을 쓰시오.

해설 & 답

① 원소분석에 의한 방법
② 열량계에 의한 방법
③ 공업분석에 의한 방법

Question 07

혼합가스에서 프로판가스가 60%, 부탄가스가 40%인 이가스의 발열량은 몇 kcal/m³인가? (단, 프로판가스의 발열량 24000kcal/m³ 부탄가스의 발열량 30000kcal/m³이다.)

해설 & 답

∴ $(24000 \times 0.6 + 30000 \times 0.4) = 26400 \text{kcal/m}^3$

Question 08

보일러의 화학세정시 염산이 주로 사용되고 있는 이유 3가지

해설 & 답

① 가격이 저렴하다.
② 스케일 용해 능력이 크다.
③ 물에 대한 용해도가 크다.

Question 09

열정산의 목적을 쓰시오.

해설 & 답

① 열의 손실 파악 ② 열설비의 성능능력 파악
③ 조업방법 개선 ④ 열설비 구축자료

Question 10

저항온도계의 저항선이 갖추어야 할 조건 3가지를 쓰시오.

해설 & 답

① 저항온도계수가 클 것
② 동일 특성을 얻기 쉬울 것
③ 내열, 내식성이 클 것

Question 11

연료의 원소분석에서 C : 85%, H : 10%, S : 5%일 때 이론공기량은 Nm³/kg인가?

해설 & 답

$$A_o = 8.89C + 26.67\left(H - \frac{O}{8}\right) + 3.33S$$
$$= 8.89 \times 0.85 + 26.67 \times 0.1 + 3.33 \times 0.05 = 10.39 \text{Nm}^3/\text{kg}$$

Question 12

매연발생의 원인 5가지를 쓰시오.

해설 & 답

① 연소기술의 미숙
② 연료에 따른 연소장치 부적정
③ 연소실의 온도가 너무 낮다.
④ 공기와 연료와의 혼합불량
⑤ 통풍의 과다 및 부족시

Question 13

자동제어의 목적 4가지를 쓰시오.

해설 & 답

① 보일러의 안전운전
② 인건비 절감
③ 경제적이고 고 효율적인 증기의 생산
④ 일정한 온도나 압력의 증기를 얻기 위함

Question 14

배기가스 중 산소 5%, 이론공기량이 10.5Nm³/kg일 때 실제공기량을 구하시오.

해설 & 답

$$A = m \times A_o = \frac{21}{21-O_2} \times A_o = \frac{21}{21-5} \times 10.5 = 13.78 \text{Nm}^3/\text{kg}$$

Question 15

보일러에 공급되는 급수중 5대 불순물을 쓰시오.

해설 & 답

① 산분
② 유지분
③ 염류
④ 가스분
⑤ 알카리분

Question 16

보일러 옥외 설치기준 3가지를 쓰시오.

해설 & 답

① 보일러에 빗물이 스며들지 않도록 케이싱 등의 적절한 방지설비를 하여야 한다.
② 노출된 절연재 또는 래깅등에는 방수처리
③ 보일러 외부에 있는 증기관, 급수관이 얼지 않도록 적절한 보호조치를 하여야 한다.

Question 17

보일러에서 압궤가 일어나는 부분 3가지, 팽출이 일어나는 부분 3가지를 쓰시오.

해설 & 답

① 압궤가 일어나는 부분 : 노통, 연소실, 관판
② 팽출이 일어나는 부분 : 수관, 연관, 보일러동저부

Question 18

증기안전밸브는 증기압력이 몇 % 이상 일 때 분출시험을 하는가?

해설 & 답

75% 이상

Question 19

프로판가스의 연소반응식 발열량, 부탄가스의 연소반응식과 발열량을 쓰시오.

해설 & 답

① $C_3H_8 + 5O_2 \rightarrow 3CO_2 + 4H_2O + 530\,kcal/mol$
② $C_4H_{10} + 6.5O_2 \rightarrow 4CO_2 + 5H_2O + 700\,kcal/mol$

Question 20

오르자트가스분석기 대해 쓰시오.

해설 & 답

① CO_2 : KOH 30% 수용액
② O_2 : 알카리성 피롤카롤용액
③ CO : 암모니아성 염화제1동용액

제 3 부

필답형 기출문제

2004년도 제 36 회

Question 01
가스배관의 지지간격을 쓰시오.

해설 & 답

① 관경이 13mm 미만 : 1m 마다
② 관경이 13mm 이상 33mm 미만 : 2m 마다
③ 관경이 33mm 이상 : 3m 마다

Question 02
서로 관계 있는 것끼리 연결하시오.

① 알카리도   ② 경도   ③ 탁도   ④ 수소이온농도

ⓐ 물을 연수와 경수로 구분하는 척도
ⓑ 수중에 녹아있는 탄산수소 등 수중의 알카리도를 표시
ⓒ 물속의 현탁한 불순물에 의하여 물의 탁한정도를 표시
ⓓ 물이 이온적으로 알카리성, 중성, 산성을 표시

해설 & 답

① - ⓑ
② - ⓐ
③ - ⓒ
④ - ⓓ

Question 03
수면계 점검 순서를 쓰시오.

해설 & 답

① 증기콕크와 물콕크를 닫는다.
② 드레인콕을 열어 물을 배출시킨다.
③ 물콕크를 열고 확인 후 닫는다.
④ 증기콕크을 열어 확인 후 닫는다.
⑤ 드레인콕크를 닫는다.
⑥ 증기콕크와 물콕크를 서서히 연다.

Question 04
공기비가 클 때의 영향 2가지를 쓰시오.

해설 & 답

① 연소실내의 온도저하
② 배기가스에 의한 열손실 증가

Question 05
수면계 점검시기 5가지를 쓰시오.

해설 & 답

① 2개의 수면계 수위가 다를 때
② 관수농축시
③ 수위가 의심스러울 때
④ 프라이밍, 포밍 발생시
⑤ 수면계 교체시
⑥ 보일러 가동전

Question 06

동력용 나사 절삭기의 종류 3가지를 쓰시오.

해설 & 답

① 다이헤드식 ② 오스터식 ③ 호브식

Question 07

다음은 열정산의 기준이 안에 ( ) 넣으시오.

해설 & 답

① 시험부하 (정격부하)로 한다.
② 기준온도 (외기온도)로 한다.
③ 발열량은 (저쉬발열량)으로 한다.
④ 열계산은 사용연료 (1kg) 대해한다.
⑤ 열정산방법에는 (입출열법) (열손실법)이 있다.

Question 08

다음 배관 기호의 명칭을 쓰시오.
(1) SPP   (2) SPPS   (3) SPPH
(4) STHA   (5) STBH

해설 & 답

(1) SPP : 배관용 탄소강관
(2) SPPS : 압력배관용 탄소강관
(3) SPPH : 고압배관용 탄소강관
(4) STHA : 보일러 열교환기용 합금강 강관
(5) STBH : 보일러 열교환기용 탄소강 강관

Question 09

비중량이 1.25kg/m³이고, 송수량이 30m³/sec, 양정이 10m일 때 동력은(kw)? (단, 효율은 70%이다.)

해설 & 답

$$kw = \frac{r \times Q \times H}{102 \times E} = \frac{1.25 \times 30 \times 10}{102 \times 0.7} = 5.25 kw$$

Question 10

보온재는 온도, 습도, 비중이 커지면 열전도율은 (①)하고, 보온능력은 (②)한다.

해설 & 답

① 증가 ② 감소

Question 11

다음을 쓰시오.
(1) 급수밸브의 크기
(2) 체크밸브생략조건
(3) 송수관과 환수관의 크기
(4) 안전밸브 및 압력방출장치의 크기

해설 & 답

(1) 급수밸브의 크기
 ① 전열면적이 10m² 이하 : 15A 이상
 ② 전열면적이 10m² 초과 : 20A 이상
(2) **체크밸브생략조건** : 최고사용압력이 1kg/cm²(0.1MPa) 이하인 경우
(3) **송수관과 환수관의 크기** : 32A 이상
(4) **안전밸브 및 압력방출장치의 크기** : 25A 이상

Question 12

강철제 보일러의 수압시험 압력에 대해 쓰시오.

해설 & 답

① 최고사용압력이 4.3kg/cm^2 (0.43MPa) 이하 : $P \times 2$
② 최고사용압력이 4.3kg/cm^2 초과 15kg/cm^2 이하 : $P \times 1.3 + 3$
③ 최고사용압력이 15kg/cm^2 초과 (1.5MPa) : $P \times 1.5$

Question 13

컴비네이션 릴레이는 (①)와 아쿠아스테트의 기능을 합친 것으로 L_o와 H_i가 있다. L_o 이상에서는 (②)가 계속작동하고 H_i에서는 (③)가 계속작동하게 된다. 다만 소용량 보일러에서는 (④)에 의해 순환 펌프가 작동한다.

해설 & 답

① 프로텍트릴레이 ② 순환펌프
③ 버너   ④ 실내온도조절기

Question 14

보일러 효율이 80%, 연소효율이 90%에서 연료사용량이 350kg/h이고 연료의 저위 발열량이 10500kcal/kg일 때 손실열량을 구하시오.

해설 & 답

손실열량 $= 0.2 \times 350 \times 10500 = 735000\text{kcal/h}$
공급열량 $= 0.8 \times 350 \times 10500 = 2940000\text{kcal/h}$

Question 15

다음은 배관 표시법이다. 설명하시오.
(1) EL + BOP(500) (2) EL + TOP(550)
(3) EL − BOP(300) (4) EL + 600

해설 & 답

(1) EL + BOP(500) : 관의 밑면이 기준면보다 500 높다.
(2) EL + TOP(550) : 관의 윗면이 기준면보다 550 높다.
(3) EL − BOP(300) : 관의 밑면이 기준면보다 300 낮다.
(4) EL + 600 : 관의 중심이 기준면보다 600 높다.

Question 16

급수내관의 설치목적 및 설치위치를 쓰시오.

해설 & 답

① 설치목적 : 열응력 발생으로 인동 내부 부동팽창방지
② 설치위치 : 안전저수위 50mm 하부

Question 17

연돌높이 80m, 외기온도 25℃, 배기가스온도 150℃, 외기공기비중량 5kg/m³ 배기가스비중량 4kg/m³일 때 이론 통풍력은 mmAq인가?

해설 & 답

$$Z = 273H\left(\frac{r_a}{273+t_a} - \frac{r_g}{273+t_g}\right)$$
$$= 273 \times 50\left(\frac{5}{273+25} - \frac{4}{273+150}\right) = 99.94\,\text{mmAq}$$

2005년도 제 38 회

Question 01
STC, FWC, ACC는 무엇을 뜻하는가?

해설 & 답

① STC : 증기온도제어
② FWC : 급수제어
③ ACC : 자동연소제어

Question 02
벽체의 면적 4×28m, 벽체의 열손실 지수 3kcal/m²h℃, 이중에 유리창의 면적이 2.2×3m 유리창 4개가 포함되어 있으며 유리창의 열손실지수 6kcal/m²h℃ 실내온도 18℃ 외기온도 5℃일 때 벽전체를 통하여 손실된 열량을 구하시오. (방향계수는 1.1이다.)

해설 & 답

① 벽체면적 : $4 \times 128 = 112 m^2$
② 유리창면적 : $2.2 \times 3 \times 4 = 24.4 m^2$
③ 벽체열손실 : $(112-24.4) \times 3 \times (18-5) = 3416.4$
④ 유리창열손실 : $24.4 \times 6 \times (18-5) = 1903.2$
∴ $(3416.4 + 1903.2) = 5319.6 \times 1.1 = 6491.8 kcal/h$

Question 03
보일러에서의 온도계 설치위치 5가지를 쓰시오.

해설 & 답

① 급수입구 급수온도계
② 급유입구 급유온도계
③ 보일러 본체 배기가스 온도계
④ 절탄기, 공기예열기 설치시 입구 및 출구온도계
⑤ 과열기, 재열기 설치시 출구온도계

Question 04
화학적 가스분석계의 종류 5가지를 쓰시오.

해설 & 답

① 오르자트식 ② 헴펠식
③ 자동화학식 CO_2계 ④ 연소식 O_2계
⑤ 미연소계

Question 05
통풍량 조절방법 3가지를 쓰시오.

해설 & 답

① 회전수 조절
② 가이드베인의 각도조절
③ 섹션베인의 개도조절

Question 06

가용전 설치에 있어 다음 온도에 따른 주석과 납의 합금비율을 적으시오. (150, 200, 250도)

해설 & 답

온도	주석	납
150℃	10	3
200℃	3	3
250℃	3	10

Question 07

연료사용량이 200kg/h이고, 발열량이 10000kcal/kg이며 시간당급수 사용량이 30Ton이며, 온수온도는 80℃, 급수온도 20℃일 때 보일러 효율은?

해설 & 답

보일러 효율 = $\dfrac{30 \times 1000 \times (80-20)}{200 \times 10000} \times 100 = 90\%$

Question 08

LNG 및 LPG성분 중 다음 ( )안에 들어갈 내용을 쓰시오.

메탄가스의 액화온도 (①)℃이며 액화천연가스의 주성분은 (②)이며 액화석유가스의 주성분 (③)와 (④)가 있다.

해설 & 답

① -161.5℃ ② 메탄
③ 프로판   ④ 부탄

Question 09

냉각레그배관의 주증기관 관말 트랩배관에서 증기주관에서 응축수를 건식 환수주관에 배출하려면 주관과 동경으로 (①)mm 이상 내리고 하부로 (②)mm 이상 연장해 드레인 포켓을 만들어 준다. 냉각관은 트랩앞에서 (③)m 이상 떨어진 곳까지 나관배관으로 한다.

해설 & 답

① 100   ② 150   ③ 1.5

Question 10

쪽수 30.5C 방열기로서 높이는 650mm이고 유입관경은 25mm 유출관경은 20mm이다. 방열기를 도시하시오.

해설 & 답

```
     30
  5C - 650
   25 × 20
```

Question 11

연료의 예열온도가 높을 때 발생할 수 있는 장해 4가지를 쓰시오.

해설 & 답

① 탄화물 생성   ② 분사불량
③ 연료소비량 증대   ④ 기름의 분해

Question 12

일일가동시간 8시간, 보일러수의 허용농도 3000PPM, 급수중 염화물 농도 30PPM, 시간당 급수량이 1000ℓ이고, 시간당 응축수회수율은 34%이다. 일일분출량은?

해설 & 답

일일 분출량 $= \dfrac{x \times (1-R) \times d}{r-d} = \dfrac{1000 \times 8 \times (1-0.34) \times 30}{3000-30}$
$= 53.33 l/\text{day}$

Question 13

증발계수를 구하시오. (단, 증기의 건조도 0.7일 때 증기엔탈피 660kcal/kg, 급수온도 25℃)

해설 & 답

증발계수 $= \dfrac{h'' - h'}{539} = \dfrac{660-25}{539} = 1.178$

Question 14

아래기호를 참고하여 올바른 배관기호를 적으시오.
(1) SPPS   (2) SPHT   (3) SPPH
(4) SPP   (5) STHB

해설 & 답

(1) SPPS : 압력배관용 탄소강관
(2) SPHT : 고온배관용 탄소강관
(3) SPPH : 고압배관용 탄소강관
(4) SPP : 배관용 탄소강관
(5) STHB : 보일러 열교환기용 합금 강관

Question 15

다음 내용 중 ( )에 들어갈 알맞은 말을 넣으시오.

배관의 열팽창 흡수는 리스트레인하고 진동흡수는 (①)가하고 종류로는 (②)(③) 진동방지는 (④)배관내 워터햄머와 (⑤)가한다.

해설 & 답

① 브레이스 ② 방진기 ③ 완충기
④ 방진기   ⑤ 완충기

Question 16

배기가스성분 중 N_2 80%, CO_2 14%, O_2 6%일 때 공기비를 구하시오.

해설 & 답

$$m = \frac{N_2}{N_2 - 3.76 O_2} = \frac{80}{80 - 3.76 \times 6} = 1.393$$

Question 17

급수밸브의 크기를 전열면적에 따라 구분하시오.

해설 & 답

① 전열면적이 $10m^2$ 이하 : 15A 이상
② 전열면적이 $10m^2$ 초과 : 20A 이상

Question 18

보일러 수압시험시 공기를 빼고 물을 채운후 천천히 압력을 가하여 규정된 시험수압에 도달된 후 (①)분 이상 경과된 뒤에 검사를 실시하며 시험수압은 규정압력의 (②)% 이상을 초과하지 않도록 한다.

해설 & 답

① 30분
② 6

Question 19

KS 기준에서는 질별 특성에 따라 아래와 같이 분류한다. 배관기호와 두꺼운 순서대로 쓰시오.

연질, 반연질, 경질

해설 & 답

① 배관기호 : ㉠ 연질 : O ㉡ 반연질 : OL ㉢ 경질 : H
② 두꺼운 순서 : 경질 > 반연질 > 연질

Question 20

피드백자동제어 회로에 대하여 보기에서 알맞은 말을 써넣으시오.

① 기준입력 ② 제어대상 ③ 조절부 ④ 조작량 ⑤ 비교부

해설 & 답

① 기준입력 : 목표치를 기억하고 그것을 신호로 보내는 요소
② 비교부 : 제어량, 편차량을 산출하는 부분
③ 조작량 : 제어대상에 가해주는 양
④ 조절부 : 제어동작의 신호를 조작부로 보내는 부분
⑤ 제어대상 : 목표치를 나타내는 신호

2008년도 제 43 회

Question 01
보일러에 설치하는 안전밸브는 25A 이상으로 하나 20A 이상으로 할 수 있는 경우 5가지를 쓰시오.

해설 & 답

① 최고사용압력이 1kg/cm²(0.1MPa) 이하의 보일러
② 최고사용압력이 5kg/cm²(0.5MPa) 이하의 보일러로써 동체안지름이 500mm 이하 동체의 길이가 1000mm 이하의 보일러
③ 최고사용압력이 5kg/cm² 이하의 보일러로써 전열면적이 2m² 이하의 보일러
④ 최대증발량이 5T/h 이하인 관류 보일러
⑤ 소용량 강철제 보일러

Question 02
기체연료 사용시 장점 3가지를 쓰시오.

해설 & 답

① 적은 공기비로 완전연소가능
② 연소효율이 높다.
③ 점화, 소화 및 연소조절이 용이하다.

Question 03

파이프렌치의 규격은 200mm, 250mm, 450mm, 900mm, 1200mm 등이 있다. 이 호칭은 무엇을 기준으로 하는지 쓰시오.

해설 & 답 — Explanation & Answer

입을 최대로 벌려 놓은 전장

Question 04

보일러 열정산시 보일러에서 발생하는 열손실(출열)에는 어떠한 것이 있는지 5가지 쓰시오.

해설 & 답 — Explanation & Answer

① 배기가스 손실열
② 발생증기 보유열
③ 불완전연소에 의한 손실열
④ 방사에 의한 손실열
⑤ 미연분에 의한 손실열

Question 05

캐리오버의 방지대책 5가지를 쓰시오.

해설 & 답 — Explanation & Answer

① 기수분리기 설치
② 고수위방지
③ 주증기 밸브서개
④ 관수농축방지
⑤ 보일러 부하과대방지

Question 06. 급수내관의 설치시 이점 2가지

① 열응력 발생으로 인한 동내부 부동팽창방지
② 급수일부가 가열

Question 07. 다음 설명하는 것이 무엇인지 쓰시오.

(1) 착화를 확실하게 해주며 불꽃의 안정을 도모
(2) 공기와 연료의 혼합촉진을 도우며 연소용공기의 동압을 정압으로 유지시켜 착화나 화염안정도모

(1) 스테발라이져
(2) 윈드박스

Question 08. 보일러 연소에서 이론공기량과 과잉공기량을 알 때 공기비 계산식은?

$$m = \frac{A(\text{실제공기량})}{A_o(\text{이론공기량})} = \frac{A_o + \text{과잉공기량}}{A}$$

$A = A_o + \text{과잉공기량}$

Question 09

보일러의 연소효율이 E_c, 전열효율이 E_f라 할 때 열효율(E)은?

해설 & 답

$E = E_c \times E_f$

Question 10

보일러 연도로 배기되는 연소가스량이 300kg/h이며 배기가스의 온도가 260℃ 가스의 평균비열이 0.35kcal/kg℃이고 외기온도가 12℃라면 배기가스 손실열량은?

해설 & 답

$Q = G \cdot C \cdot \Delta t = 300 \times 0.35 \times (260 - 12) = 26040 \text{kcal/h}$

Question 11

보일러 통풍력을 측정하였더니 3mmH₂O였다. 연돌의 높이를 구하시오. (단, 배기가스온도 150℃ 외기온도 0℃ 실제통풍력은 이론통풍력의 80%이다.)

해설 & 답

$Z = H \times \left(\dfrac{353}{273+t_a} - \dfrac{367}{273+t_g} \right) \times 0.8$

$\therefore H = \dfrac{Z}{\left(\dfrac{353}{273+t_a} - \dfrac{367}{273+t_g} \right)} = \dfrac{3}{\left(\dfrac{353}{273+0} - \dfrac{367}{273+150} \right)}$

$= 7.05 \times 0.8 = 5.64 \text{m}$

Question 12

다음과 같은 특징의 증기트랩은 무엇인가?

① 부력을 이용하고 기계적 트랩이다.
② 형식은 상향식과 하향식이 있다.
③ 응축수를 증기압력에 의하여 밀어올릴 수 있다.

해설 & 답

버킷트랩

Question 13

온수난방시 온수 입구온도가 92℃, 출구온도가 70℃, 실내온도가 18℃일 때 주철제 방열기의 방열량은? (단, 온수난방의 표준온도차 62℃이다.)

해설 & 답

$$\text{방열기 방열량} = \text{표준방열량} \times \frac{\Delta t_m}{\Delta t} = 450 \times \frac{\left(\frac{92+70}{2} - 18\right)}{62}$$
$$= 457.25 \text{kcal/h}$$

Question 14

보일러의 정지순서를 아래의 보기에서 골라 쓰시오.

① 연소용공기공급을 정지한다.
② 연료공급을 정지한다.
③ 댐퍼를 닫는다.
④ 주증기밸브를 닫고 드레인밸브를 연다.
⑤ 급수를 한 후 증기압력을 저하시키고 급수밸브를 닫는다.

해설 & 답

② → ① → ⑤ → ④ → ③

Question 15
습식집진장치에서 가압수식 집진장치 종류 3가지를 쓰시오.

해설 & 답

① 벤튜리스크레버
② 싸이클론스크레버
③ 충전탑

Question 16
보일러의 크기가 150마력일 경우 상당증발량으로 표시하면 몇 kg/h가 되는가?

해설 & 답

15.65kh/h × 150 = 2347.5kg/h

Question 17
가성취화란 무엇인지 쓰시오.

해설 & 답

고온, 고압 보일러에서 알카리도가 높아져 생기는 나트륨, 수소등이 강재의 결정입계 침투하여 재질을 열화시키는 현상

Question 18

버너 선택시 고려할 사항 3가지를 쓰시오.

해설 & 답

① 유량조절범위가 부하변동에 응할 수 있을 것
② 노내압력과 노의 구조에 적합할 것
③ 버너용량이 가열용량과 보일러 용량에 적합할 것

Question 19

프리퍼지와 포스트퍼지란 무엇인지 쓰시오.

해설 & 답

① **프리퍼지** : 점화전 댐퍼를 열고 연소실이나 연도내의 미연소가스를 송풍기를 이용 내보내는 것
② **포스트퍼지** : 점화 후 댐퍼를 열고 연소실이나 연도내의 미연소가스를 송풍기를 이용 내보내는 것

Question 20

슬러지의 주성분 3가지를 쓰시오.

해설 & 답

① 탄산염 ② 수산화물 ③ 산화철

2008년도 제 44 회

Question 01
보일러 내부부식인 점식방지법 3가지 쓰시오.

① CO_2나 O_2 가스체 제거한다.
② 내부에 아연판을 매달아둔다.
③ 염류 등의 불순물을 처리한다.

Question 02
다음 화염검출기가 설명하는 것이 무엇인지 쓰시오.
(1) 화염중에는 양성자와 중성자가 전리되어 있음을 알고 버너에 글랜드 로드를 부착하여 화염 중에 삽입하여 전기적신호를 전자밸브로 보내어 화염을 검출하는 것은?
(2) 연소중에 발생되는 연소가스의 열에 의하여 바이메탈의 신축작용으로 전기적 신호를 만들어 전자밸브로 그 신호를 보내면서 화염을 검출하는 것은?
(3) 연소중에 발생하는 화염빛을 검지부에서 전기적신호로 바꾸어 화염의 유무검출하는 것은?

(1) 플레임 로드
(2) 스텍스위치
(3) 플레임아이

Question 03

보일러의 산세관시 무기산의 종류 4가지를 쓰시오.

해설 & 답

① 황산　　② 염산
③ 질산　　④ 인산

Question 04

탈산소제의 종류 3가지를 쓰시오.

해설 & 답

① 탄닌　② 아황산소다　③ 히드라진

Question 05

인터록의 종류 5가지를 쓰시오.

해설 & 답

① 저수위 인터록　　② 저연소 인터록
③ 불착화 인터록　　④ 프리퍼지 인터록
⑤ 압력초과 인터록

Question 06. 물리적 가스분석계 종류 5가지를 쓰시오.

해설 & 답

① 세라믹식 O_2계 ② 자기식 O_2계
③ 밀도식 CO_2계 ④ 열전도율형 CO_2계
⑤ 적외선가스분석계

Question 07. 다음 조건에 의해서 필요한 동력을 구하시오.

유량이 2m³/min 펌프에서 수면까지의 높이 5m, 펌프에서 필요높이 15m 감쇄높이 2m이고 펌프의 효율은 80%이다.

해설 & 답

$$kw = \frac{r \times Q \times H}{102 \times E \times 60} = \frac{1000 \times 2 \times (5 + 14 + 2)}{102 \times 0.8 \times 60} = 8.578 kw$$

Question 08. 원심식 펌프에서 프라이밍 작업이란 무엇인가?

해설 & 답

펌프기동전 펌프내부에 물을 채우는 작업

Question 09

연돌높이 80m, 배기가스온도 165℃, 외기온도 25℃, 외기공기비중량 1.3kg/m³, 배기가스비중량 1.4kg/m³일 때 이론통풍력을 구하시오.

해설 & 답

$$Z = 273H\left(\frac{r_a}{273+t_a} - \frac{r_g}{273+t_g}\right)$$
$$= 273 \times 80 \times \left(\frac{1.3}{273+25} - \frac{1.4}{273+165}\right) = 25.466 \text{mmAq}$$

Question 10

다음 조건의 수압시험 방법에 대하여 쓰시오.
(1) 최고사용압력이 0.43MPa 이하
(2) 최고사용압력이 0.43MPa 초과 1.5MPa 이하
(3) 최고사용압력이 1.5MPa 초과

해설 & 답

(1) $P \times 2$
(2) $P \times 1.3 + 0.3$
(3) $P \times 1.5$

Question 11

파이프를 굽힐 때 굽힘하중을 제거하면 굽힘각은 작고 굽힘각은 커지는 현상을 무엇이라 하는가?

해설 & 답

스프링백현상

Question 12
상당증발량을 구하는 공식을 쓰고 설명하시오.

공식 : $Ge = \dfrac{G \times (h'' - h')}{539}$

설명 : Ge(kg/h) 상당증발량
G(kg/h) 실제증발량
h''(kcal/kg) 발생증기엔탈피
h'(kcal/kg) 급수엔탈피 또는 급수온도
539(kcal/kg) 증발잠열

Question 13
배관설치시 가스배관 외부에 표시할 사항 3가지를 쓰시오.

① 최고사용압력
② 사용가스명
③ 가스의 흐름방향

Question 14
연료소비량이 200kg/h이고, 발생증기량이 2000kg/h이며 발생증기 엔탈피는 646kcal/kg, 급수엔탈피는 20kcal/kg일 때 효율은? (단, 발열량은 10000kcal/kg)

효율 = $\dfrac{2000(646-20)}{200 \times 10000} \times 100 = 62.6\%$

Question 15

수분이 함유된 연료가 보일러에 공급시 발생하는 현상 3가지를 쓰시오.

해설 & 답

① 무화불량
② 화염이 꺼진다.
③ 화염의 위치가 바뀐다.

Question 16

보일러 증기 압력이 15kg/cm², 트랩의 최고허용배압이 12kg/cm²일 때 트랩의 배압허용농도는 몇 %인가?

해설 & 답

배압허용농도 $= \dfrac{12}{15} \times 100 = 80\%$

Question 17

증기난방에서 상당방열면적이 600m²이고 온수순환량이 500kg 온수 공급온도 80℃ 온수환수온도 20℃ 예열부하 1.5 배관부하 0.25 출력 저하계수 0.7일 때 보일러의 열출력은 얼마인가?

해설 & 답

$$\text{열출력} = \frac{(Q_1 + Q_2)(1+\alpha)B}{K}$$

$$= \frac{(600 \times 650 + 500 \times (80-20))(1+0.25)1.5}{0.7}$$

$$= 1125000 \text{kcal/h}$$

Question 18

분출목적 5가지를 쓰시오.

해설 & 답

① 관수농축방지　　　② 관수 PH조절
③ 프라이밍, 포밍 발생방지　　　④ 슬러지, 스케일 생성방지
⑤ 부식방지　　　⑥ 가성취화방지

Question 19

유기산의 종류 4가지만 쓰시오.

해설 & 답

① 하트록산　　　② 구연산
③ 옥살산　　　④ 설파민산

Question 20

다음 공구의 사용처를 쓰시오.
(1) 파이프커터　　　(2) 다이헤드식 나사절삭기
(3) 링크형 파이프커터　　　(4) 싸이징 투울
(5) 봄보올

해설 & 답

(1) **파이프커터** : 파이프절단
(2) **다이헤드식 나사절삭기** : 나사절삭, 파이프절단, 거스러미제거
(3) **링크형 파이프커터** : 주철관용절단
(4) **싸이징 투울** : 동관을 원형으로 가공
(5) **봄보올** : 연관용공구로 주관에 구멍을 뚫을 때 사용

2009년도 제 45 회

Question 01
보염방치의 구성부품 4가지를 쓰시오.

해설 & 답

① 윈드박스
② 버너타일
③ 콤버스터
④ 스테빌라이져

Question 02
다음 안을 ( ) 채우시오.

급수장치는 전열면적이 10m² 이하시에는 급수밸브의 크기는 (①)A 이상으로하고 전열면적이 10m² 초과시에는 (②)A 이상이어야 한다. 다만 급수설비에 설치하는 체크밸브는 (③)MPa 미만은 생략하여도 무방하다. 그리고 증기관에 설치하는 안전밸브 및 압력방출 장치의 크기는 호칭지름 (④)A 이상이어야 하나 소용량 보일러에서는 (⑤)A 이상으로 할 수 있다.

해설 & 답

① 15
② 20
③ 0.1
④ 25
⑤ 20

Question 03

다음공구가 무엇인지 쓰시오.

- 조우의 폭으로 나타낸다.
- 강관의 조립 및 해체
- 사이즈는 150mm, 200mm, 300mm, 600mm, 1000mm

파이프렌치

Question 04

수격작용방지법 3가지 쓰시오.

① 증기트랩설치　② 주증기밸브서개
③ 증기관보온　　④ 관의 굴곡을 피한다

Question 05

원심펌프의 회전수를 1500rPM에서 1800rPM으로 변경시 동력은 얼마인가? (단, 소요동력은 7.5kW이다.)

$$kW' = kW \times \left(\frac{N_2}{N_1}\right)^3 = 7.5 \times \left(\frac{1800}{1500}\right)^3 = 12.96\,kW$$

Question 06

원심펌프에서 프라이밍이란 무엇인지 쓰시오.

해설 & 답

펌프 기동전 펌프내부에 물을 채우는 작업

Question 07

보일러운전 중 상당증발량이 2000kg/h이고, 발열량이 10,000kcal/kg 이며 효율이 80%일 때 연료소비량을 구하시오.

해설 & 답

$$Gf = \frac{2000 \times 539}{0.8 \times 10000} = 134.75 \text{kg/h}$$

Question 08

보일러판의 발생현상 중 라미네이션과 블리스터란 무엇인지 쓰시오.

해설 & 답

① **라미네이션** : 보일러판이나 관의 내부의 층이 2장으로 분리되어 있는 현상
② **블리스터** : 라미네이션상태에서 고온의 열가스접촉으로 인해 표면이 부풀어 오르는 현상

Question 09

보일러 연소 중 실제발생열량과 완전연소 열량과의 비를 무엇이라 하는가?

해설 & 답

연소효율

Question 10

온수 보일러의 송수온도가 80℃, 환수온도가 60℃ 외기온도가 20℃이고 방열계수가 7.5kcal/m²h℃일 때 방열기 방열량은?

해설 & 답

방열기 방열량 $= 7.5 \times \left(\dfrac{80+60}{2} - 20 \right) = 375 \text{kcal/m}^2\text{h}$

Question 11

포화수 1kg과 포화증기 4kg의 혼합시 건도는 얼마인가?

해설 & 답

건도 $= \dfrac{4}{4+1} \times 100 = 80\%$

Question 12

보일러의 과열원인 3가지 쓰시오.

해설 & 답

① 동내면 스케일 생성
② 저수위사고
③ 관수순환불량
④ 관수농축
⑤ 전열면 국부과열

Question 13

LNG의 연소시 산소농도가 2%이고 CO_2 농도는 12%일 때 $CO_2(max)$ %는?

해설 & 답

$$CO_2(max\%) = \frac{21 \times CO_2}{21 - O_2} = \frac{21 \times 12}{21 - 2} = 13.26$$

Question 14

관류 보일러는 기관의 한쪽 끝에서 급수를 압입하여 (①)(②)(③)시켜 과열증기로 얻는 보일러

해설 & 답

① 가열(예열)   ② 증발   ③ 과열

15. 급수내관의 설치이점 3가지와 설치위치를 쓰시오.

① 이점 : ㉠ 열응력발생으로 인한 동내부 부동팽창방지
㉡ 관수교환방지
㉢ 관수온도분포 고르게 유지
② 설치위치 : 안전저수위 50mm 하부

16. 안전밸브의 종류 3가지를 쓰시오.

① 스프링식 ② 추식 ③ 지렛대식

2009년도 제 46 회

Question 01
500℃ 이하의 무기질 보온재 3가지를 쓰시오.

해설 & 답

① 탄산마그네슘(250℃)   ② 그라스울(300℃)
③ 석면(400℃)   ④ 규조토(500℃)

Question 02
증기 보일러의 출열항목 5가지를 쓰시오.

해설 & 답

① 배기가스손실열
② 불완전연소에 의한 손실열
③ 미연분에 의한 손실열
④ 방산에 의한 손실열
⑤ 발생 증기 보유열

Question 03

가성취화란 무엇인가 쓰시오.

해설 & 답

고온, 고압 보일러에서 알카리도가 높아져 생기는 Na, H등이 강재의 결정입계에 침투하여 재질을 열화시키는 현상

Question 04

다음을 쓰시오.
(1) 유압 또는 전동을 이용한 관 굽힘 기계로 현장에서 주로 사용
(2) 보일러 공장 등에서 동일모양의 벤딩제품을 다량생산
(3) 32A 이하 관 굽힘시 롤러와 포머사이에 관을 삽입 후 핸들을 돌려 180°까지 자유롭게 벤딩하는 형식

해설 & 답

(1) 램식   (2) 로터리벤더   (3) 수동벤더

Question 05

시간당 증기발생량이 2500kg이고, 연료사용량이 200kg/h, 발생증기 엔탈피가 600kcal/kg, 급수엔탈피가 50kcal/kg일 때 보일러 효율은? (단, 저위발열량은 10000kcal/kg이다.)

해설 & 답

$$\text{보일러 효율} = \frac{G \times (h'' - h')}{Gf \times Hl} \times 100 = \frac{2500 \times (600 - 50)}{200 \times 10000} \times 100 = 68.75\%$$

Question 06
포밍과 프라이밍에 대해 쓰시오.

해설 & 답

① 포밍 : 유지분등으로 인해 수면이 거품으로 뒤덮히는 현상
② 프라이밍 : 과열, 고수위, 압력변화 등으로 인해 수면에서 물방울이 튀어 오르며 수면을 불안정하게 만드는 현상

Question 07
수관식 보일러 중 관류 보일러의 특징 3가지를 쓰시오.

해설 & 답

① 순환비가 $\left(\dfrac{급수량}{증발량}\right)$가 1이다.
② 열효율이 좋다.
③ 관의 배치가 자유롭다.
④ 드럼이 필요없다. (단관식일 경우)
⑤ 고압대용량이다.

Question 08
온도계 설치위치를 쓰시오.

해설 & 답

① 급수입구 급수온도계
② 급유입구 급유온도계
③ 보일러 본체 배기가스 온도계
④ 절탄기, 공기예열기가 있는 경우 입구 및 출구 온도계
⑤ 과열기, 재열기가 있는 경우 출구 온도계

Question 09

미리 정해진 순서에 따라 제어의 각 단계를 제어하는 제어방식을 무엇이라 하는가?

해설 & 답

시퀀스제어

Question 10

신설 보일러 설치시 내부에 부착되어 있는 페인트, 유지, 녹 등을 제거하는 것을 무엇이라 하는가?

해설 & 답

소다보링

Question 11

다음 수압시험 압력을 구하시오.
(1) 0.35MPa   (2) 0.6MPa   (3) 1.8MPa

해설 & 답

(1) $0.35 \times 2 = 0.7$MPa
(2) $0.6 \times 1.3 + 0.3 = 1.08$MPa
(3) $1.8 \times 1.5 = 2.7$MPa

Question 12

정격출력 계산시 필요한 부하 4가지만 쓰시오.

해설 & 답

① 난방부하　　② 급탕부하
③ 배관부하　　④ 예열부하

Question 13

슈트블로우사용시 주의사항 3가지를 쓰시오.

해설 & 답

① 부하가 적거나 (50% 이하) 소화후 사용하지 말 것
② 분출하기전 연도내 배풍기를 사용 유인통풍을 증가시킬 것
③ 분출기내의 응축수를 배출시킨 후 사용할 것
④ 한곳으로 집중적으로 사용함으로서 전열면에 무리를 가하지 말 것

Question 14

다음을 쓰시오.

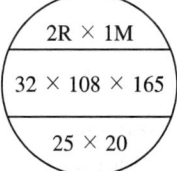

해설 & 답

① 엘레멘트관경 : 유입관경 25, 유출관경 20
② 핀의 크기 : 32
③ 엘레멘트수 : 165
④ 1M당 부착된 핀의수 : 108

2010년도 제 47 회

Question 01 보일러 외부청소 작업의 종류 5가지를 쓰시오.

① 스팀쇼킹법　② 워터쇼킹법
③ 에어쇼킹법　④ 스틸쇼트크리닝법
⑤ 샌드블로우법

Question 02 안전밸브의 호칭지름은 25A 이상이어야 하나 20A 이상으로 하는 경우 다음 ( ) 채우시오.

① 최고사용압력이 (㉠) 이하의 보일러
② 최고사용압력이 (㉡) 이하로서 동체안지름 (㉢), 동체의 길이가 (㉣)mm 이하
③ 최고사용압력이 (㉤) 이하이고 전열면적이 (㉥)m² 이하인 보일러

㉠ 1kg/cm^2　㉡ 5kg/cm^2
㉢ 500mm　㉣ 1000mm
㉤ 5kg/cm^2　㉥ 2m^2

Question 03

보일러에서 자동제어에 대한 약호이다. 다음을 쓰시오.
(1) ACC (2) FWC
(3) STC (4) ABC

해설 & 답

(1) ACC : 자동연소제어 (2) FWC : 급수제어
(3) STC : 증기온도제어 (4) ABC : 보일러자동제어

Question 04

보일러 구성의 3대 요소를 쓰시오.

해설 & 답

① 보일러본체
② 연소장치
③ 부속장치

Question 05

동관용공구 3가지를 쓰시오.

해설 & 답

① 플레어링투울셋 ② 사이징투울
③ 익스펜더   ④ 동관거터

Question 06

난방용 시공재료의 온도, 밀도, 습도가 크거나 상승시 열전도율이 증가 또는 감소되는지 쓰시오.

해설 & 답

① 온도가 상승하면 열전도율은 (증가)한다.
② 밀도가 크면 열전도율은 (증가)한다.
③ 습도가 증가하면 열전도율은 증가한다.

Question 07

강관의 두께는 스케줄 번호로 나타내며 스케줄번호에는 SCh10, 20, 30, 40, 60, 80등이 있고 번호가 클수록 관의 두께가 두꺼워 지는데 미터 계열의 스케줄번호에 대한 공식을 쓰시오.

해설 & 답

$$SCh\ No = \frac{P}{S} \times 10$$

여기서, $P(kg/cm^2)$ 사용압력, $S(kg/mm^2)$ 허용응력

Question 08

어느실의 난방소요열량이 60000kcal/h이다. 5세주 650mm의 주철제방열기를 이용하여 온수난방을 하고자 한다면 방열기 쪽수는? (단, 5세주 650mm의 주철제방열기의 쪽당 방열면적은 0.26m²이고 방열량은 표준방열량으로 한다.)

해설 & 답

$$쪽수 = \frac{난방부하}{방열기방열량 \times 쪽당방열면적} = \frac{60000}{450 \times 0.26} = 513쪽$$

Question 09

급수처리는 보일러의 운전관리중 가장 중요한 관리의 하나로서 보일러의 수명연장과 최대열효율보장 등의 효과를 기대할 수 있다. 그렇다면 급수처리를 하지 않고 보일러에 급수를 할 경우 발생하는 장해 4가지를 쓰시오.

Explanation & Answer

① 스케일, 슬러지생성　② 프라이밍, 포밍발생
③ 관수농축　　　　　　④ 부식발생
⑤ 가성취화

Question 10

연소장치에서 카본트러블(Carbon Trouble) 현상에 대해 간단히 설명하시오.

Explanation & Answer

고온의 노벽과 접촉열분해하여 벽면에 부착하는 탄소성분, 중유첨가제를 사용하여 카본생성을 예방할 수 있다.

Question 11

보일러의 연소효율 E_c, 전열효율 E_f라 할 때 보일러 효율 E는 어떻게 나타내는가?

Explanation & Answer

$E = E_c \times E_f$

Question 12

캐리오버에 대해 쓰시오.

해설 & 답

증기중에 수분이 혼입되어 함께 이송되는 현상

Question 13

굴뚝 높이 20m, 공기비중량 1.29kg/Nm³, 배기가스비중량 1.34kg/m³, 외기온도 10℃, 배기가스온도 300℃일 때 이론통풍력은?

해설 & 답

$$Z = 273H\left(\frac{ra}{273+ta} - \frac{rg}{273+tg}\right)$$
$$= 273 \times 20\left(\frac{1.29}{273+10} - \frac{1.34}{273+300}\right)$$
$$= 12.11\,\mathrm{mmH_2O}$$

2010년도 제 48 회

Question 01
내화물의 스폴링(Spalling)현상에 대해 쓰시오.

해설 & 답

박락현상이라고도 하며 내화물이 사용하는 도중에 온도의 급격한 변화, 가열, 냉각 때문에 갈라지든지 떨어져 나가는 현상

Question 02
연소가스의 온도가 210℃이고 외기온도가 17℃일 때 통풍력을 9mmH₂O로 유지하여 연소가스를 배출하려면 연돌의 높이는? (단, 대기의 비중량은 1.29kg/m³, 연소가스의 비중량 1.35kg/m³이며 소숫점 첫째짜리에서 반올림한다.)

해설 & 답

실제총 층력은 이론통풍력의 80%이므로

$$Z = 273H\left(\frac{ra}{273+ta} - \frac{rg}{273+tg}\right) \times 0.8$$

$$H = \frac{Z}{273 \times \left(\frac{ra}{273+ta} - \frac{rg}{273+tg}\right)} \times 0.8$$

$$= \frac{9}{273 \times \left(\frac{1.29}{273+17} - \frac{1.35}{273+210}\right)} \times 0.8$$

$$= 24.92\,\mathrm{m}$$

∴ 24.9m

Question 03

보일러 자동급수제어에서 수위검출방식의 종류 4가지를 쓰시오.

해설 & 답

① 부자식(플로우트식) ② 자석식
③ 전극식   ④ 열팽창식

Question 04

급수펌프의 구비조건 4가지 쓰시오.

해설 & 답

① 병렬운전에 적합할 것   ② 작동이 확실하고 조작이 간단할 것
③ 고온, 고압에 견딜 것   ④ 부하변동에 대응할 것
⑤ 저부하에서도 효율이 좋을 것

Question 05

다음 조건의 대류방열기를(Convector) 도시기호로 표시하시오.

상당방열면적 : 4.3m², 열수 : 2열, 유효길이 1700mm
유입관경 25A, 유출관경 20A

해설 & 답

```
    ┌─────────┐
    │   4.3   │
    │ 2R×1700 │
    │  25×20  │
    └─────────┘
```

Question 06

다음은 열정산의 조건에 대한 물음이다. ( )안에 알맞은 내용을 쓰시오.
(1) 보일러의 열정산은 원칙적으로 정격부하이상에서 정격부하상태로 적어도 (①)시간 이상 운전결과에 따른다.
(2) 발열량은 (②)을 기준으로 한다.
(3) 열정산의 기준온도는 시험시의 (③)온도를 기준으로 한다.

해설 & 답

① 1시간 ② 저위발열량 ③ 외기

Question 07

증기보일러의 환산증발량이 5T/h이고 효율이 85%로 운전되는 가스버너의 용량(Nm³/h)은? (단, 가스의 발열량 22000kcal/Nm³)

해설 & 답

$$효율 = \frac{Ge \times 539}{Gf \times Hl} \times 100$$

$$Gf = \frac{Ge \times 539}{효율 \times Hl} \times 100 = \frac{5 \times 1000 \times 539}{0.85 \times 22000} = 144.12 \, \text{Nm}^3/\text{h}$$

또는 $\dfrac{5 \times 1000 \times 539 \times 100\%}{85\% \times 22000} = 144.12 \, \text{Nm}^3/\text{h}$

Question 08

난방부하가 10000kcal/h인 곳에 온수를 열매체로 사용하는 5세주형 650mm의 주철체 온수방열기를 설치시 필요한 방열면적과 방열기 소요쪽수를 계산하시오. (단, 방열기 방열량은 표준방열량이고 5세주형 650mm의 한쪽당 표면적은 0.26m²이다.)

해설 & 답

① 방열기 방열면적 = $\dfrac{난방부하}{방열기방열량} = \dfrac{10000}{450} = 22.22 \, \text{m}^2$

② 방열기 쪽수 = $\dfrac{난방부하}{방열기방열량 \times 쪽당방열면적} = \dfrac{10000}{450 \times 0.26} = 85.47$

∴ 86쪽

Question 09

연돌상부최소단면적이 3200cm²이고 연돌로 배출되는 배기가스가 4000Nm³/h일 때 배기가스의 유속은? (단, 배기가스의 평균온도 220℃ 이다)

해설 & 답

$$A = \frac{G \times (1 + 0.0037t)}{3600 \times V}$$

$$V = \frac{G \times (1 + 0.0037t)}{3600 \times A} = \frac{4000 \times (1 + 0.0037 \times 220)}{3600 \times 3200 \times 10^{-4}} = 6.298 \text{m/sec}$$

∴ 6.30m/sec

Question 10

다음 배관표시법을 설명하시오. (단, EL은 기준선으로서 그 지방의 해수면을 의미한다.)

(1) EL + 750   (2) EL BOP + 300   (3) EL TOp + 600

해설 & 답

(1) EL + 750 : 기준면으로부터 배관 중심부까지 높이가 750mm 상부에 있다.
(2) EL BOP + 300 : 파이프 밑면이 기준면보다 300mm 높게 있다.
(3) EL TOp + 600 : 파이프 윗면이 기준면보다 600mm 낮게 있다.

Question 11

보일러 수의 관리목적 4가지를 쓰시오.

해설 & 답

① 관수농축방지
② 슬러지나, 스케일생성방지
③ 부식방지
④ 가성취화방지
⑤ 프라이밍, 포밍발생방지

Question 12

보일러운전 중 발생하는 이상현상중 캐리오버가 발생하였을 때의 장해 4가지를 쓰시오.

해설 & 답

① 배관의 부식초래
② 수위오인으로 저수위사고
③ 배관내에서 수격작용발생
④ 증기의 열량감소
⑤ 송기되는 증기의 불순

Question 13

보일러 운전중 항상 감시하여야 할 2가지는?

해설 & 답

① 수위
② 연소상태
③ 압력상태

Question 14

보일러 설치시공 기준 중 안전밸브는 쉽게 검사할 수 있는 장소에 밸브축을 (①)으로 하여 가능한한 보일러 (②)에 직접 부착시켜야 한다.

해설 & 답

① 수직   ② 동체

Question 15

착화를 원활하게 하고 화염의 안정을 도모하는 것이며 선회를 설치하여 연소용 공기에 선회운동을 주어 원추상으로 분사시켜 내측에 저압부분의 형성으로 지속영역을 만들어 착화를 쉽게 하는 공기조절장치는?

해설 & 답

스테빌라이져

Question 16

저위발열량이 10500kcal/kg인 연료를 연소시키는 보일러에서 연소가스량이 12Nm³/kg 연소가스의 비열이 0.33kcal/Nm³·℃ 외기온도 5℃ 배기가스온도 300℃일 때 이 보일러 효율은?

해설 & 답

$$효율 = \left(1 - \frac{손실열}{입열}\right) \times 100$$
$$= \left(1 - \frac{12 \times 0.33 \times (300-5)}{10500}\right) \times 100$$
$$= 88.87\%$$

2011년도 제 49 회

Question 01

가정용 온수보일러 등에 설치하는 팽창탱크 설치 목적 2가지를 쓰시오.

해설 & 답

① 체적팽창, 이상팽창 압력 흡수
② 보충수 공급 역할

Question 02

보일러 연료로 사용되는 LNG의 성분이 모두 메탄인 경우 LNG $1Nm^3$ 연소 시 이론 공기량(A_0)은?

해설 & 답

$$CH_4 + 2O_2 \rightarrow CO_2 + 2H_2O$$

16 kg 2×32 kg   44 kg 2×18 kg

$22.4\,Nm^3$ $2 \times 22.4\,Nm^3$ $22.4\,Nm^3$ $2 \times 22.4\,Nm^3$

$1\,Nm^3$ x

$$x = \frac{1\,Nm^3 \times 2 \times 22.4\,Nm^3}{22.4\,Nm^3} = 2Nm^3/Nm^3$$

$$\therefore A_0 = \frac{O_0}{0.21} = \frac{2}{0.21} = 9.52 Nm^3$$

Question 03
동관 시공 시 공구의 용도를 쓰시오.

① **튜브커터** : 동관전용 절단공구
② **리이머** : 거스러미 제거
③ **사이징투울** : 동관의 끝부분을 원형으로 가공
④ **확관기** : 동관의 확관용 공구
⑤ **티뽑기** : 직관에서 분기관 성형시 사용하는 공구

Question 04
보일러 설치 검사 중 가스용 보일러의 연료배관에 관한 내용이다. ( ) 적당한 숫자를 쓰시오.

> 배관 이음부와 전기계량기 및 전기개폐기와의 거리는 ( ) 이상 전기점멸기, 전기접속기, 굴뚝은 ( ) 이상, 절연조치를 하지 아니한 전선과의 거리는 ( ) 이상으로 한다.

60cm, 30cm, 15cm

Question 05
어떤 건물의 난방부하가 100000kcal/h이고, 급탕부하가 30000kcal/h일 때 보일러의 정격출력은 얼마인가?(단, 배관부하 25%, 예열부하 20%, 출력저하계수는 1)

정격출력 $= \dfrac{(Q_1 + Q_2)(1+\alpha)\beta}{K}$

$= \dfrac{(100000 + 30000)(1 + 0.25) \times 1.2}{1}$

$= 195000 \text{ kcal/h}$

관이음방법에서 다음 도시 기호를 그리시오.
① 용접이음 :
② 나사이음 :
③ 플랜지이음 :
④ 턱걸이이음 :
⑤ 땜이음 :

해설 & 답

① 용접이음   : ———●———
② 나사이음   : ———┼———
③ 플랜지이음 : ———╫———
④ 턱걸이이음 : ———⊂———
⑤ 땜이음   : ———⊙———

미리 정해진 순서에 따라 제어의 각 단계를 진행하는 방식의 자동제어는 무엇인가?

해설 & 답

시퀀스제어

프라이밍현상이란 무엇인가?

해설 & 답

과열, 고수위, 압력변화 등으로 인해 수면에서 물방울이 튀어 오르면서 수면을 불안정하게 만드는 현상

Question 09

기름을 사용하는 보일러에서 연소 중 화염이 점멸 또는 갑자기 소화되는 원인 5가지를 쓰시오.

해설 & 답

① 연료 스트레이너의 막힘
② 연료라인에 공기가 찬 경우
③ 연료의 공급이 부족 시
④ 연료중 수분 혼입 시
⑤ 공기량이 적정하지 않을 경우

Question 10

실제 증발량이 2000kg/h이고, 보일러가 5시간 동안 800kg의 중유를 연소 시 증발 배수는 얼마인가?

해설 & 답

$$증발배수 = \frac{G}{Gf} = \frac{2000 \text{ kg/h}}{800 \text{ kg/5h}} = 12.5 \text{kg/kg}$$

Question 11

보일러에서 최대연속, 증발량에 대한 실제증발량의 비율을 무엇이라 하는가?

해설 & 답

보일러 부하율

Question 12

배관패킹재의 종류 중 플랜지패킹에 대해서 쓰시오.

해설 & 답

플랜지패킹
① **고무패킹**
   ㉠ 네오플렌의 합성고무는 내열범위가 −46~121℃로 증기 배관에 사용
   ㉡ 100℃ 이상 고온 배관에는 사용할 수 없으며 주로 급·배수용에 사용
   ㉢ 산알카리에는 강하나 기름에 침식된다.
② **석면조인트시트** : 광물질의 미세한 섬유로 150℃의 고온배관에도 사용
③ **합성수지패킹** : 가장 우수한 것으로 테프론이 있으며 내열범위는 −260~260℃이다.
④ **오일시일패킹** : 한지를 내유 가공한 것으로 내열도가 낮아 펌프, 기어박스 등에 사용

Question 13

관류보일러의 특징 5가지를 쓰시오.

해설 & 답

① 순환비($\frac{급수량}{증발량}$)가 1이여서 드럼이 필요 없다.
② 고압이므로 증기의 열량이 크다.
③ 전열면적이 크고 효율이 높다.
④ 가동부하가 짧아 부하 측에 대응하기 쉽다.
⑤ 콤펙트하므로 청소, 검사, 수리가 어렵다.
⑥ 급수처리가 까다롭다.
⑦ 급수의 유속을 균일하게 유지

Question 14

보일러 긴급운전 정지 시 순서를 쓰시오.

〈보기〉 ① 주증기밸브를 닫는다.
② 댐퍼는 개방된 상태로 두고 통풍을 한다.
③ 연소용 공기의 공급을 정지한다.
④ 급수를 할 필요가 있는 경우는 급수를 하여 수위를 유지한다.
⑤ 연료 공급을 중지한다.

해설 & 답

⑤ → ③ → ④ → ① → ②

2011년도 제 50 회

Question 01
보일러 자동제어의 종류 3가지를 쓰시오.

해설 & 답

① A.C.C(자동연소제어)
② F.W.C(급수제어)
③ S.T./C(증기온도제어)

Question 02
다음 그림을 보고 팽창관, 드레인관, 오우버플로우관, 안전관을 찾으시오.

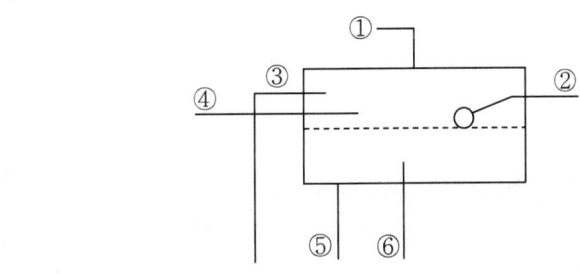

해설 & 답

① 팽창관 : 6
② 드레인관 : 5
③ 오우버플로우관 : 3
④ 안전관 : 4
⑤ 배기관 : 1
⑥ 급수관 : 2

Question 03

입열항목 5가지를 쓰시오.

해설 & 답

① 연료의 연소열　② 연료의 현열
③ 급수의 현열　　 ④ 공기의 현열
⑤ 노내분입증기 보유열

Question 04

상당증발량이 2000kg/h이고 효율이 80%이며 연료의 저위발열량이 10000kcal/kg일 경우 연료소비량은?

해설 & 답

$$Gf = \frac{Ge \times 539}{E \times Hl} = \frac{2000 \times 539}{0.8 \times 10000} = 134.75$$

Question 05

인젝터 작동불능원인 5가지를 쓰시오.

해설 & 답

① 급수온도가 높을 때(50℃ 이상 시)
② 증기압력이 낮거나 높을 때
③ 증기 중의 수분혼입 시
④ 흡입 쪽으로부터 공기 혼입 시
⑤ 인젝터 노즐 블량시

Question 06
탄소 10kg 연소 시 연소가스량은?

해설 & 답

$$C + O_2 \rightarrow CO_2$$
12kg　　　　22.4Nm³
10kg　　　　x

$$x = \frac{10\ kg \times 22.4\ Nm^3}{12\ kg} = 18.667 Nm^3$$

Question 07
캐리오버(기수공발)을 설명하시오.

해설 & 답

증기 중에 수분이 혼입되어 함께 이송되는 현상

Question 08
히드라진의 반응식 및 용도를 쓰시오.

해설 & 답

① 반응식 : $N_2H_4 + O_2 \rightarrow 2H_2O$
② 용도 : 유리를 침식하고 코르크나 고무를 분해

Question 09. 보일러옥내 설치기준 5가지를 쓰시오.

해설 & 답

① 보일러는 불연성물질의 격벽으로 구분된 장소에 설치하여야 한다.
② 보일러 동체 상부로부터 천정, 배관 등 보일러상부에 있는 구조물까지의 거리는 1.2m 이상이어야 한다.
③ 보일러 및 보일러에 부설된 금속제의 굴뚝 또는 연도의 외측으로부터 0.3m이내에 있는 가연성 물질에 대하여는 금속이외의 불연성 재료로 피복하여야 한다.
④ 연료를 저장할 때는 보일러 외측으로부터 2m 이상 거리를 두거나 방화격벽을 설치하여야 한다.
⑤ 보일러에 설치된 계기들을 육안으로 관찰하는데 지장이 없도록 충분한 조명시설이 있어야 한다.

Question 10. 육안관찰을 통한 연소상태판단을 쓰시오.

공기비	화염의 색	연기색
공기부족연소	( )	( )
공기비적당	( )	( )
공기비과내연소	( )	( )

해설 & 답

공기비	화염의 색	연기색
공기부족연소	(어두운색)	(흑색)
공기비적당	(오렌지색)	(담백색)
공기비과내연소	(백색)	(백색)

Question 11

동관용 공구 3가지를 쓰시오.

해설 & 답

① 익스펜더   ② 사이징투울
③ 튜브벤더   ④ 튜브커터

Question 12

석유에서 추출되는 기체연료 4가지를 쓰시오.

해설 & 답

① 프로판   ② 부탄
③ 프로필렌   ④ 부틸렌

Question 13

다음을 설명하시오.
① SPHT   ② SPLT
③ SPPH   ④ SPPS
⑤ STHA

해설 & 답

① SPHT : 고온배관용 탄소강관
② SPLT : 저온배관용 탄소강관
③ SPPH : 고압배관용 탄소강관
④ SPPS : 압력배관용 탄소강관
⑤ STHA : 보일러열교환기용합금강 강관

Question 14

20A 강관을 90°, 100mm의 반경으로 굽힘 곡관길이는?

해설 & 답

$$l = \frac{2\pi R Q}{360} = \frac{2 \times 3.14 \times 100 \times 90}{360} = 157 \text{mm}$$

Question 15

난방용 증기 보일러의 상당방열면적이 1200m²이다. 증기의 증발잠열은 539kcal/kg이고 증기관내 응축수량은 방열기내 응축수량의 20%라 할 때 시간 당 응축수량은?

해설 & 답

$$W = \frac{Q}{539} \times A = \frac{650 \times 1200}{539} \times 1.2 = 1736.54 \text{kg/h}$$

Question 16

벤딩시 파손원인을 쓰시오.

해설 & 답

① 재료에 결함이 있을 때
② 굽힘 반경이 너무 적을 때
③ 코아(받침쇠)가 너무 나와 있을 때

Question 01
연소실 청소기구 2가지는?

해설 & 답

① 롱레트렉터블형 ② 쇼트렉터불형
③ 건타입형   ④ 로우터리형

Question 02
안전저수위 간격을 쓰시오.
(1) 수평연관 보일러   (2) 노통 보일러
(3) 직립형 연관보일러 (4) 노통연관식 보일러

해설 & 답

(1) 최상단 연관 최고부위 75mm
(2) 노통 최고부의 100mm
(3) 화실관판 최고부의 연관길이 $\frac{1}{3}$
(4) 연관이 높은 경우 : 최상단부위 75mm
    노통이 높은 경우 : 노통 최상단 100mm

Question 03

독일 경도란 수중의 (①)양과 (②)양을 (③)으로 환산해서 나타낸다.

해설 & 답

① Ca
② Mg
③ CaO

Question 04

동관용 공구 5가지를 쓰시오.

해설 & 답

① 튜브커터
② 튜브벤더
③ 익스펜더
④ 사이징투울
⑤ 익스펜터

Question 05

보일러 용량 표시 방법 3가지 쓰시오.

해설 & 답

① 정격출력
② 정격용량
③ 보일러마력
④ 전열면적
⑤ 상당증발량
⑥ 상당방열면적

Question 06 기체연료의 장점 5가지 쓰시오.

해설 & 답

① 적은 공기량으로 완전연소가능
② 발열량이 낮은 연료로 고온을 얻을 수 있다.
③ 황분, 회분이 거의 없어 전열면 오손이 없다.
④ 연소효율, 전열효율이 좋다.
⑤ 집중가열, 균일가열 분위기 조성가능

Question 07 배기가스온도계 설치위치를 쓰시오.

해설 & 답

전열면 최종출구

Question 08 보일러 가동순서는?

가동스위치 → 버너모터작동 → 송풍기모터작동(①) → (②) → 점화용버너착화 → (③) → 주버너착화 저부하연소 → (④) → 착화버너 연소정지

해설 & 답

① 1차, 2차 공기댐퍼작동 ② 프리퍼지(노내환기)
③ 전자밸브열림 ④ 고부하연소

Question 09

다음 도면은 온수보일러의 배관 방법이다. 주어진 부분의 명칭을 ①~⑩까지 쓰시오.

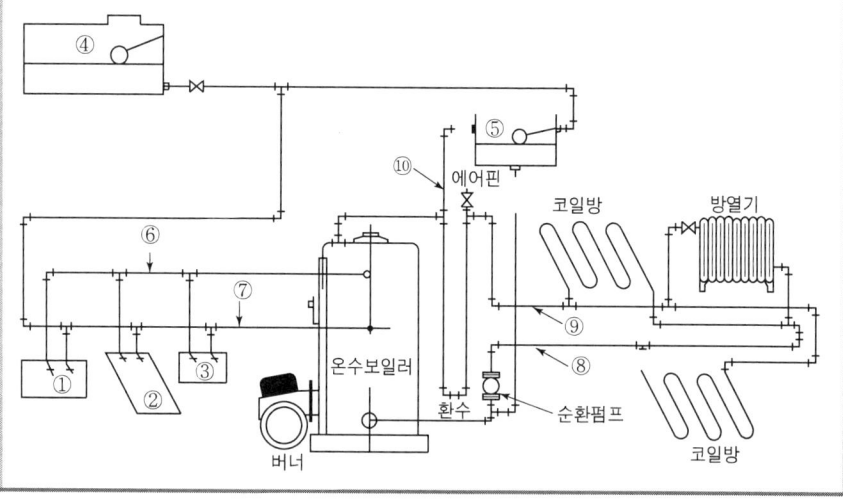

해설 & 답

① 싱크대 ② 욕조 ③ 세면기 ④ 옥상물탱크
⑤ 팽창탱크 ⑥ 급탕온수라인 ⑦ 급탕냉수라인 ⑧ 난방환수라인
⑨ 난방공급라인 ⑩ 방출관

Question 10

가성취화현상이란 무엇인지 쓰시오.

해설 & 답

고온, 고압하에서 알카리도가 높아져 생기는 Na, H 등이 강재의 결정입계에 침투하여 재질을 열화시키는 현상

Question 11

역화의 원인은?
(1) 프리퍼지 (①)시
(2) 정화시 착화가 (②) 경우
(3) 연료의 (③)공급지
(4) 흡입통풍 (④)시
(5) 압입통풍 (⑤)시

해설 & 답   Explanation & Answer

① 부족   ② 늦은   ③ 과다
④ 부족   ⑤ 과대

Question 12

보온관의 손실열량이 3000kcal/h이고 효율이 80%일 때 나관의 손실열량은 얼마인가?

해설 & 답   Explanation & Answer

손실열량 $= \dfrac{3000}{0.2} = 15000\text{kcal/h}$

Question 13

유량이 4m³/sec, 관경이 0.4m이고 관길이가 100m일 때 손실수두를 구하시오. (단, 마찰계수는 0.681이다.)

해설 & 답   Explanation & Answer

$$\lambda = \frac{\mu l V^2}{2gd} = \frac{0.681 \times 100 \times 1.25^2}{2 \times 9.8 \times 0.4}$$

$$V = \frac{Q}{A} = \frac{4}{0.786 \times 0.4^2} = 1.25\text{m/sec} = 13.57\text{mmH}_2\text{O}$$

2012년도 제 52 회

Question 01
수면계 점검시기 3가지를 쓰시오.

해설 & 답

① 두 개의 수면계 주위가 다를 때
② 프라이밍, 포밍 발생시
③ 수면계 교체시
④ 관수농축시

Question 02
다음을 넣으시오.

〈보기〉 상당증발량, 보일러마력, 보일러열출력

(1) 표준대기압하에서 100℃의 포화주가 100℃의 건포화증기로 변화시키는 경우의 1시간당 증발량
(2) 표준대기압에서 100℃ 포화수 15.65kg을 1시간에 100℃ 포화증기로 바꿀수 있는 능력
(3) 1시간에 발생된 증기가 갖는 순수열량

해설 & 답

(1) 상당증발량
(2) 보일러마력
(3) 보일러열출력

Question 03 전열면적에 따른 방출관의 크기를 쓰시오.

① 전열면적이 $10m^2$ 미만 : 25A 이상
② 전열면적이 $10m^2$ 이상 $15m^2$ 미만 : 30A 이상
③ 전열면적이 $15m^2$ 이상 $20m^2$ 미만 : 40A 이상
④ 전열면적이 $20m^2$ 이상 : 50A 이상

Question 04 수평바이스와 파이프바이스의 크기는?

① **수평바이스** : 조우의 폭
② **파이프바이스** : 고정 가능한 파이프지름의 치수

Question 05 증기축열기 설치시 장점 3가지는?

① 증기의 보유량이 많아지게 되어 증기의 공급대응능력이 빠르다.
② 증기의 건도를 높여주게 되므로 생산의 효율성이 증가된다.
③ 증기의 부하변동에 따른 압력저하를 방지할 수 있다.

Question 06

2NG의 고위발열량이 10500kal, 저위발열량이 9800kal일 경우 열효율은?

해설 & 답

열효율 = $\dfrac{9800}{10500} \times 100 = 93.33\%$

Question 07

다음 괄호안을 넣으시오.

(①) → 버너동작 → (②) → 파일로트버너작동 → (③) → 점화버너작동 → 고연소 → 저연소

해설 & 답

① 노내환기(프리터지)
② 노내압조정
③ 화염검출

Question 08

다음 안전저수위를 쓰시오.

(1) 입형횡관보일러 : 화실천정판 최고부위 (①)mm
(2) 노통보일러 : 노통최고부위 (②)mm
(3) 노통연관식 : 연관이 높은 경우 최상단 (③)mm
　　　　　　　　노통이 높은 경우 최상단 (④)mm

해설 & 답

① 75　　② 100
③ 75　　④ 100

Question 09

액체연료 1kg의 공기비가 1.25이고 C 85%, H 8%, O 2%일 경우 실제공기량을 (Nm^3/kg) 구하시오.

해설 & 답

$A = m \times A_o$ 이므로

$= 1.25 \times 9.623 = 12.03 \, Nm^3/kg$

$A_o = 8.99C + 26.67\left(H - \dfrac{O}{8}\right) + 3.335$

$= 8.89 \times 0.85 + 26.67\left(0.08 - \dfrac{0.02}{8}\right) = 9.623 \, Nm^3/kg$

Question 10

진공 환수식의 특징을 쓰시오.

해설 & 답

① 구배에 큰 애로가 없다.
② 중력, 기계환수보다 순환이 가장 빠르다.
③ 방열량을 광범위하게 조절할 수 있다.
④ 환수관의 관경을 적게 할 수 있다.

Question 11

1시간동안 연료 600kg이 80%에서 90% 효율을 상승하면 한달(30일) 동안 몇 kg이 절약되는지 계산하시오. (단, 하루 12시간 가동한다.)

해설 & 답

$\therefore \left(\dfrac{90-80}{90}\right) \times 100 = 11.11\%$

∴ 절약양 = $0.1111 \times 600 \times 30 \times 12 = 23997.6 \, kg$

12. 청관제 주입목적을 쓰시오.

① 스케일제거 ② 슬러지제거
③ 내부부식방지 ④ 용존산소제거
⑤ 관수연화

13. 옥내배관길이 200m 옥외배관길이가 300m일 때 할증율에 의한 전체 길이는?

재료비에서의 할증은 10%이므로 (200+300)m × 1.1 = 550m

Question 01
보일러 열정산시 입열항목 3가지

해설 & 답

① 연료의 현열
② 연료의 연소열
③ 급수의 현열
④ 공기의 현열
⑤ 노내 분입증기 보유열

Question 02
보일러에서 인터록의 종류 4가지를 쓰시오.

해설 & 답

① 저연소 인터록
② 저수위 인터록
③ 불착화 인터록
④ 압력초과 인터록
⑤ 프리퍼지 인터록

Question 03
메탄 프로판이 완전 연소시 생성되는 물질

해설 & 답

① 메탄($CH_4 2O_2 \rightarrow CO_2 2H_2O$)
② 프로판($C_3H_8 + 5O_2 \rightarrow 3CO_2 + 4H_2O$)
∴ 탄산가스와 물

Question 04
기체연료 및 기화하기 쉬운 액체 연료의 발열량 측정에 사용되는 가스 열량계에서 발열량을 계산하는 장치는?

해설 & 답

윤컬스식 열량계

Question 05
시간당 송출수량 420m³이고, 전양정이 15m이며 효율은 80%일 경우 축동력(kW)은?

해설 & 답

$$kW = \frac{r \times Q \times H}{102 \times E} = \frac{1000 \times 420 \times 15}{102 \times 0.8 \times 3500} = 21.446 kW$$

안전 밸브 및 압력 방출 장치의 크기는 호칭지름 25A 이상이다. 호칭지금 20A 이상으로 할 수 있는 경우를 쓰시오.
(1) 최고사용압력이 (①)kg/cm² 이하의 보일러
(2) 최고사용압력이 5kg/cm² 이하의 보일러로 동체안지름이 500mm 이하이며 동체길이가 (②)mm 이하인 것
(3) 최고사용압력이 5kg/cm² 이하의 보일러로 전열면적이 (③)m² 이하인 것
(4) 최대증발량이 (④)t/h 이하인 관류보일러
(5) 소용량 강철제보일러, 소용량 (⑤)보일러

해설 & 답

① 1 ② 1000 ③ 2 ④ 5 ⑤ 주철제

상용출력을 쓰시오.

해설 & 답

① 난방부하 ② 급탕부하 ③ 배관부하

Question 08

보일러 효율을 구하는 공식을 쓰시오.

해설 & 답

[예] 연료소비량(kg/h), 저위발열량(kcal/kg)
상당증발량(kg/h), 실제증발량(kg/h)

$= \dfrac{\text{상당증발량} \times 539}{\text{연료소비량} \times \text{저위발열량}} \times 100$

Question 09

선택적캐리 오버란?

해설 & 답

증기속에 실리카 성분이 증기와 함께 송출되는 현상

Question 10

파이프렌치의 크기를 쓰시오.

해설 & 답

입을 최대로 벌려 놓은 전장

Question 11

연료비란 무엇인가 쓰시오.

해설 & 답

연료비 = $\dfrac{\text{고정탄소}}{\text{휘발분}}$

고정탄소 = 100 − (수분 + 회분 + 휘발분)

Question 12

기수분리기의 종류 4가지를 쓰시오.

해설 & 답

① 싸이클론식 ② 스크레버식
③ 건조스크린식 ④ 베플식

Question 13

동관용공구 3가지 쓰시오.

해설 & 답

① 튜브커터 ② 튜브벤더
③ 익스펜더 ④ 사이징투울

2013년도 제 54 회

Question 01
선택적 캐리오버와 기계적 캐리오버를 쓰시오.

해설 & 답

① **선택적 캐리오버** : 증기속에 실리카 성분이 증기와 함께 송출되는 현상
② **기계적 캐리오버** : 작은 물방울 또는 불순물이 증기와 함께 송출되는 현상

Question 02
포스트퍼지란?

해설 & 답

점화후 연소실과 연도내의 가연성가스를 송출기를 이용 배출시키는 것

Question 03. 출열항목 3가지를 쓰시오.

① 배기가스 손실열
② 불완전 연소에 의한 손실열
③ 미연분에 의한 손실열
④ 재의 현열
⑤ 방사에 의한 손실열

Question 04. 다음을 쓰시오.
(1) 익스펜터
(2) 사이징투울
(3) 플레어링투울셋

(1) **익스펜터** : 동관의 끝을 확관하기 위한 공구
(2) **사이징투울** : 동관의 끝을 원형으로 정형하기 위한 공구
(3) **플레어링투울셋** : 동관을 압축이음하기위해 관끝을 나팔모양으로 만드는 공구

Question 05. 급수내관의 설치 이점은?

① 온도변화에 따른 동내부 부동팽창방지
② 열응력 발생방지
③ 관내 급수 예열가능
④ 관내 급격한 온도 변화방지

Question 06

환수관과 주관사이에 균형관을 설치하는 방식은?

해설 & 답

하트포드접속법

Question 07

메탄이 7g일 때의 이론공기량을 구하시오.

해설 & 답

$CH_4 + 2O_2 \rightarrow CO_2 + 2H_2O$

16g $2 \times 22.4l$

7g x

$x = \dfrac{3g \times 2 \times 22.4l}{16g} = 19.6l$

$A_o = \dfrac{O_o}{0.21} = \dfrac{19.6}{0.21} = 93.33l$

Question 08

입구온도가 90℃, 출구온도가 70℃, 실내온도 25℃이고 방열기 방열계쑤가 8kcal/m²h℃일 때 방열기 방열량은?

해설 & 답

방열기방열량 $= 방열계수 \times \left(\dfrac{입구+출구}{2} - 실내온도\right)$

$= 8 \times \left(\dfrac{90+70}{2} - 25\right) = 440 \text{kcal/m}^2\text{h}$

Question 09 배플판의 설치 목적

해설 & 답

연소가스의 흐름을 조정하여 열회수와 보일러수의 순환을 양호하게 함.

Question 10 다음 그림을 보고 답하시오.

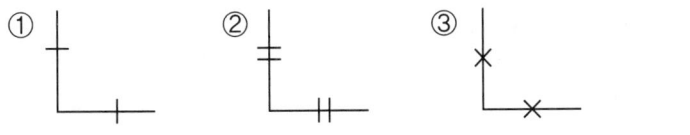

해설 & 답

① 나사이음
② 플랜지이음
③ 용접이음

Question 11

바닥 난방 면적이 40m², 벽체, 유리창, 문의 총면적은 난방면적으로 1.5배이고 천정면적은 바닥 난방면적과 동일하다고 한다면 난방부하는? (단, 외기온도 −5℃, 실내온도 15℃ 열관류율 6kcal/m²·℃, 방위계수 1.1)

해설 & 답

난방부하 = $6 \times 40 \times 40 \times 1.5 \times (20) \times 1.1 = 316800$ kcal/h

Question 12

다음 문장의 ( )안을 채우시오.

급수밸브, 체크밸브 설치시 전열면적이 10m² 이하는 호칭지름 (①)A 이상, 10m² 초과는 호칭지름 (②)A 이상이며 최고사용 압력이 (③)MPa 이하인 경우에는 체크 밸브를 생략할 수 있다.

해설 & 답 Explanation Answer

① 15
② 20
③ 0.1

Question 13

다음 화염 검출기의 종류 중 전기 전도성을 이용하는 화염검출기를 쓰고, 종류 4가지도 쓰시오.

해설 & 답 Explanation Answer

① 전기전도성 이용 : 플레임로드
② 플레임로드 종류 : ㉠ 황화카드뮴광도전셀
　　　　　　　　　 ㉡ 황화납광도전셀
　　　　　　　　　 ㉢ 적외선광전관
　　　　　　　　　 ㉣ 자외선광전관

Question 14

다음을 설명하시오.
(1) EL750
(2) EL+330BOP
(3) EL−300TOP

해설 & 답 Explanation Answer

(1) EL750 : 기준면으로부터 배관 중심부까지의 높이가 750mm 상부에 있다.
(2) EL+330BOP : 파이프의 밑면이 기준면보다 330mm 높게 있다.
(3) EL−300TOP : 파이프의 윗면이 기준면보다 300mm 낮게 있다.

Question 01

증기 보일러의 온도계 설치위치 3가지를 쓰시오.

해설 & 답

① 급수 입구의 급수온도계
② 급유 입구의 급유온도계
③ 보일러 본체 배기가스온도계
④ 공기예열기, 절탄기는 입·출구온도계
⑤ 과열기, 재열기는 출구온도계

Question 02

다음 문장의 ( ) 안을 채우시오.

고온부식이란 (①)이 산화하여 (②)을 만들어 부식을 일으키고 이때의 온도는 (③)℃이다.

해설 & 답

① 바나듐
② 오산화바나듐
③ 550~600℃

Question 03

메탄 10m³ 연소 시 이론산소량과 이론공기량을 구하시오. (단, 공기중 산소량은 20%이다.)

해설 & 답

$$CH_4 + 2O_2 \rightarrow CO_2 + 2H_2O$$
$$22.4\text{m}^3 \quad 2 \times 22.4\text{m}^3$$
$$10\text{m}^3 \quad x$$
$$x = \frac{10\text{m}^3 \times 2 \times 22.4\text{m}^3}{22.4\text{m}^3} = 20\,\text{m}^3$$

∴ 이론산소량(O_o) = 20m³

  이론공기량(A_o) = $\dfrac{20}{0.2}$ = 100m³

Question 04

배관 절단 공구 3가지를 쓰시오.

해설 & 답

① 쇠톱
② 파이프 커터
③ 가스 절단

Question 05. 인터록의 종류 5가지를 쓰시오.

해설 & 답

① 저수위 인터록
② 저연소 인터록
③ 불착화 인터록
④ 압력초과 인터록
⑤ 프리퍼지 인터록

Question 06. 보염장치의 원리와 종류 3가지를 쓰시오.

해설 & 답

① **원리** : 착화와 연소화염을 안정시키고 공기와 연료의 혼합을 도모케 하여 저공기비 연소를 하게 하는 장치
② **종류** : ㉠ 윈드 박스
  ㉡ 버너 타일
  ㉢ 콤버스터
  ㉣ 스태빌라이저

Question 07. 그루빙 발생장소를 쓰시오.

해설 & 답

① 노통 보일러의 경판과 접합부 및 만곡부
② 관, 판, 나사 스테이 만곡부
③ 연돌 관, 화실 하단, 노통의 플랜지 만곡부

Question 08

스팀 트랩 설치의 이점 3가지를 쓰시오.

① 수격작용 방지
② 증기의 열효율 상승
③ 증기 건도 향상 및 응축수 배출

Question 09

주증기 밸브 작동 요령을 쓰시오.

① 스팀 헤더의 주위 밸브 및 트랩 등의 바이패스 밸브를 열어 드레인시킨다.
② 주증기관 내 소량의 증기를 공급하여 예열한다.
③ 천천히 열기 시작하여 3분 이상 만개한다.
④ 만개 후 조금 되돌려 놓는다.

Question 10

다음과 같은 조건의 방열기를 도시하시오.

- 방열기쪽수 30
- 높이 650
- 유입 관지름 25mm
- 5세주형
- 유출 관지름 20mm

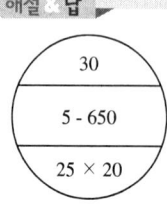

2014년도 제 56 회

Question 01
증기 트랩의 구비 조건을 쓰시오.

해설 & 답

① 마찰저항이 적을 것.
② 응축수를 연속적으로 배출시킬 수 있을 것.
③ 동작이 확실할 것.
④ 내식성, 내마모성이 있을 것.
⑤ 공기의 배제나 정지 후 응축수 빼기가 가능할 것.

Question 02
수관식 보일러에서 수분을 제거하기 위해 설치하는 것 4가지를 쓰시오.

해설 & 답

① 사이클론식
② 스크레버식
③ 건조스크린식
④ 배틀식

Question 03

안전밸브가 누수되는 원인을 쓰시오.

① 스프링장력 감쇄 시
② 조종압력이 너무 낮다.
③ 밸브시트에 이물질이 낀 경우
④ 시트와 밸브축이 이완된 경우
⑤ 밸브와 시트의 가공이 불량한 경우

Question 04

안전밸브 및 압력방출장치의 크기는 25A 이상으로 하여야 하나 20A 이상으로 할 수 있는 경우를 쓰시오.

① 최고사용압력이 $1kg/cm^2$ 이하의 보일러
② 최고사용압력이 $5kg/cm^2$ 이하의 보일러로 동체의 안지름이 500mm 이하이며 동체의 길이가 1000mm 이하의 것
③ 최고사용압력이 $5kg/cm^2$ 이하의 보일러로 전열면적이 $2m^2$ 이하의 보일러
④ 최대증발량이 5T/h 이하의 관류 보일러
⑤ 소용량 보일러

Question 05

동관용 공구 5가지를 쓰시오.

① 플레어링 툴셋
② 튜브 커터
③ 튜브 벤더
④ 익스팬더
⑤ 사이징 툴

Question 06

상당증발량을 구하는 공식을 쓰시오.

해설 & 답

$$G_e = \frac{G \times (h'' - h')}{539}$$

여기서, G_e(상당증발량) [kg/h]
G(실제증발량) [kg/h]
539(증발잠열) [kcal/kg]
h''(발생증기엔탈피) [kcal/kg]
h'(급수엔탈피 또는 급수온도) [kcal/kg]

Question 07

프로판 $5Nm^3$ 연소 시 이론공기량을 구하시오.

해설 & 답

$$\begin{array}{cccc} C_3H_8 & + 5O_2 & \rightarrow 3CO_2 & + 4H_2O \\ 22.4Nm^3 & 5 \times 22.4Nm^3 & 3 \times 22.4Nm^3 & 4 \times 22.4Nm^3 \\ 5Nm^3 & x & & \end{array}$$

$$x = \frac{5Nm^3 \times 5 \times 22.4Nm^3}{22.4Nm^3} = 25\,Nm^3$$

$$\therefore A_o(\text{이론공기량}) = \frac{O_o(\text{이론산소량})}{0.21} = \frac{25}{0.21} = 119\,Nm^3$$

Question 08

급수배관 설치 이점을 쓰시오.

해설 & 답

① 집중급수를 피함으로 인해 동내 부동팽창 방지
② 열응력 발생 방지
③ 수격작용 방지

Question 09
가성취화란 무엇인지 쓰시오.

해설 & 답

고온, 고압하에서 알칼리도가 높아져 생기는 Na, H 등이 강재의 결정입계에 침투하여 재질을 열화시키는 현상

Question 10
점식 방지 대책 4가지를 쓰시오.

해설 & 답

① 용존산소 제거　② 방청도장
③ 약한 전류의 통전　④ 아연판 매달기

Question 11
길이 100m의 강관이 지름이 150mm, 표면의 온도가 120℃인 것에 두께 3mm인 보온재를 시공하니 표면온도가 45℃로 줄었다. 외기온도 25℃, 열전도율이 25kcal/mh℃일 때 보온재로 시공한 후 절약되는 열량은 몇 %인가?

해설 & 답

① 보온 전 손실 = $3.14 \times 0.15 \times 100 \times 25 \times (120-25) = 111862.5$
② 보온 후 손실 = $3.14 \times (0.15+0.003) \times 100 \times 25 \times (45-25) = 32970$

∴ 절약 열량(%) = $\dfrac{111862.5 - 32970}{111862.5} \times 100 = 70.526\%$

Question 12

연소실 용적이 30m³, 발열량 11000kcal/m³, 시간당 100kg을 연소시킬 때 연소실 열부하는?

해설 & 답

연소실 열부하 = $\dfrac{11000 \times 1000}{30} = 36666.66\,\text{m}^3$

Question 13

감압밸브 주변 바이패스 밸브를 도시하시오.

해설 & 답

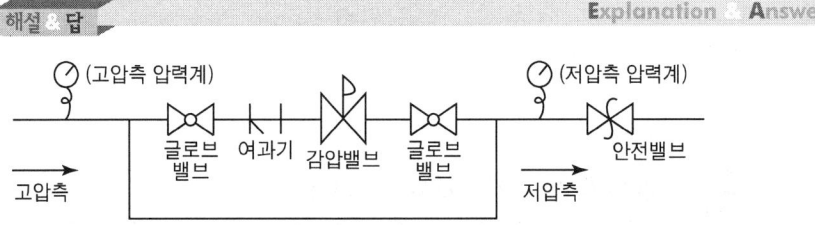

2015년도 제 57 회

Question 01
보염장치의 종류 3가지를 쓰시오.

해설 & 답

① 윈드박스   ② 스테빌라이저
③ 버너 타일   ④ 콤버스터

Question 02
수면계 점검 시기 3가지를 쓰시오.

해설 & 답

① 두 개의 수면계 수위가 다를 때
② 프라이밍, 포밍 발생 시
③ 가동 전이나 송기 전 압력이 오를 때
④ 연락관에 이상이 발견된 때

Question 03

벤딩 시 관이 파손되는 원인 3가지를 쓰시오.

해설 & 답

① 받침쇠가 너무 나와 있다.
② 굽힘반경이 너무 적다.
③ 재료에 결함이 있을 때
④ 압력 모형 조정이 너무 꼭 조여 저항이 크다.

Question 04

스케일의 주성분 4가지를 쓰시오.

해설 & 답

① 탄산칼슘   ② 인산칼슘
③ 황산칼슘   ④ 규산칼슘

Question 05

출열 중 이용이 가능한 열과 손실열이 가장 많은 열을 쓰시오.

해설 & 답

① 이용이 가능한 열(유효열) : 발생 증기 보유열
② 손실열이 가장 큰 열 : 배기가스 손실열

Question 06

탄소 5kg 연소 시 이론공기량을 구하시오.(체적당)

해설 & 답

$$C + O_2 \rightarrow CO_2$$
12kg 22.4Nm³   44kg
5kg x

$$x = \frac{5\,\text{kg} \times 22.4}{12\,\text{kg}} = 9.33\,\text{Nm}^3$$

$$\therefore A_o = \frac{O_o}{0.21} = \frac{9.33}{0.21} = 44.44\,\text{Nm}^3$$

Question 07

히드라진의 역할과 연소 시 반응식을 쓰시오.

해설 & 답

① 역할 : 탈산소제
② 반응식 : $N_2H_4 + O_2 \rightarrow N_2 + 2H_2O$

Question 08

주철제 증기 보일러에서 방열면적이 400m², 급수량이 400kg/h, 급탕수의 온도 80℃, 급수의 온도 10℃, 배관부하 25%, 예열부하 1.5일 때, 이 보일러의 정격출력은 몇 kcal/h인가? (단, 출력저하계수 1이다.)

해설 & 답

$$\text{정격출력} = \frac{(Q_1 + Q_2)(1+\alpha)\beta}{k}$$

$$= \frac{[400 \times 650 + 400 \times (80-10)] \times (1+0.25) \times 1.5}{1}$$

$$= 540{,}000\,\text{kcal/h}$$

Question 09

온수 보일러의 난방부하가 6,000kcal/h이고 온수를 열매체로 하는 3세주 650mm의 주철제 방열기를 설치한다면 방열기 쪽수는? (단, 3세주 650mm의 주철제 방열기 1섹션당 표면적은 0.15m²이다.)

해설 & 답 — Explanation & Answer

$$쪽수 = \frac{난방부하}{방열기\ 방열량 \times 쪽당\ 방열면적}$$

$$= \frac{6,000}{450 \times 0.15} = 88.89 = 89쪽$$

Question 10

압력이 10kg/cm²이고 온도가 180℃, 실제 증발량이 5,000kg/h이고 발생증기 엔탈피가 660kcal/kg, 급수 엔탈피 60kcal/kg일 때, 상당증발량은?

해설 & 답 — Explanation & Answer

$$G_e = \frac{G \times (h'' - h')}{539} = \frac{5,000 \times (660 - 60)}{539} = 5,565.86\,\text{kg/h}$$

Question 11

보일러 운전 중 안전운전을 위하여 항상 주시하여야 하는 사항 2가지를 쓰시오.

해설 & 답 — Explanation & Answer

① 보일러압력
② 보일러수위

Question 12

실제증기발생량/최대증발량×100은 무엇을 구하는 공식인가?

해설 & 답

보일러부하율

Question 13

급수를 예열함으로써 얻는 이점 2가지를 쓰시오.

해설 & 답

① 연료소비량 감소
② 보일러 열효율 증가
③ 급수의 불순물 일부가 제거된다.

Question 14

다음은 증기배관에서 응축수 트랩 앞에 설치하는 냉각관에 대한 설명이다. ( ) 속에 알맞은 말을 넣으시오.

"고온의 (①)가(이) 압력강하로 인하여 관내에서 (②)하므로 트랩 기능을 저하시키는 것을 방지하기 위하여 트랩 전에 (③)m 이상 떨어진 곳에 (④)으로 설치한다."

해설 & 답

① 응축수 ② 증발 ③ 1.5 ④ 나관배관

Question 15

다음은 증기배관의 감압밸브 설치에 관한 사항이다. ( ) 안에 알맞은 숫자를 쓰시오.

"고압측의 압력이 (①)kg/cm² 이상이고 저압측과의 압력차가 (②)배 이상일 때 감압밸브를 직렬로 설치하고 2단감압된 감압밸브는 최소 (③)m 이상의 이격거리를 두어야 한다."

해설 & 답 **Explanation & Answer**

① 7 ② 2 ③ 1.5

Question 16

보일러 운전중 전자밸브를 급히 작동해야 하는 경우에 대해 3가지만 쓰시오.

해설 & 답 **Explanation & Answer**

① 압력 초과 시
② 저수위 시
③ 실화 시

2015년도 제 58 회

Question 01
보일러 외부 청소 작업방법의 종류 4가지를 쓰시오.

① 에어쇼킹법　　② 워터쇼킹법
③ 스틸 쇼트 크리닝법　　④ 샌드 블로우법
⑤ 스팀 쇼킹법

Question 02
분출 목적 3가지를 쓰시오.

① 관수매 조절
② 관수 농축 방지
③ 프라이밍, 포밍 발생 방지
④ 슬러지, 스케일 발생 방지
⑤ 부식 방지

03 보일러 건조 보존 시 사용하는 흡습제 2가지를 쓰시오.

해설 & 답

① 생석회(산화칼륨) ② 염화칼슘
③ 활성 알루미나   ④ 실리카겔

04 증기 난방에서 응축수 환수방법 3가지를 쓰시오.

해설 & 답

① 진공 환수식
② 기계 환수식
③ 중력 환수식

05 안전밸브 및 압력방출장치의 크기는 호칭지름 25A 이상으로 한다. 20A 이상으로 할 수 있는 경우를 쓰시오.
(1) 최고사용압력이 (①)kg/cm² 이하의 보일러
(2) 최고사용압력이 5kg/cm²로서 동체 안지름이 500mm 이하이고 동체의 길이가 (②)mm 이하인 것
(3) 최고사용압력이 5kg/cm² 이하의 보일러로 전열면적이 (③)m² 이하인 것
(4) 최대증발량이 (④)t/h 이하인 관류 보일러
(5) 소용량 강철제 보일러, 소용량 (⑤) 보일러

해설 & 답

① 1   ② 1,000   ③ 2   ④ 5   ⑤ 주철제

Question 06

보일러 과열을 방지하기 위한 대책 3가지를 쓰시오.

해설 & 답

① 스케일 및 슬러지 생성 방지
② 저수위 운전 방지
③ 관수 농축 방지

Question 07

보일러 급수제어에서 고·저수위 경보기 검출방식의 종류 4가지를 쓰시오.

해설 & 답

① 부자식
② 자석식
③ 전극식
④ 열팽창식(코프스식)

Question 08

프라이밍에 대해 설명하시오.

해설 & 답

과열, 고수위, 압력변화 등으로 인해 수면에서 물방울이 튀어오르면서 수면을 불안정하게 만드는 현상.

Question 09

고온, 고압 보일러에서 알칼리도가 높아져 생기는 Na, H 등이 강재의 결정입계에 침투하여 재질을 열화시키는 현상을 무엇이라 하는가?

해설 & 답

가성취화

Question 10

중유 연료로 사용하는 보일러를 아래와 같은 조건으로 운전하였다. 조건과 증기표를 참조하여 효율을 구하시오.
(단, 증기압력 : 6kg/cm² · g, 증기건조 : 0.98, 증발량 : 6,500kg/h, 급수온도 : 25℃, 연료사용량 : 500kg/h, 저위발열량 9,750kl/kg)

해설 & 답

$$효율 = \frac{실제증발량(발생증기엔탈피 - 급수온도\ 또는\ 급수엔탈피)}{연료소비량 \times 저위발열량} \times 100$$

$$= \frac{6,500 \times (670.51 - 25)}{500 \times 9,750} \times 100 = 86.06\%$$

∴ 발생증기 엔탈피 = 포화수 엔탈피 + $x \times r$
   = 185.8 + 0.98 × 494.4
   = 670.51

증기표

절대압력	포화온도	엔탈피	포화증기	증발열
6kg/cm²a	158	159.3	658.1	498.8
3kg/cm²a	164	185.8	659.1	494.1

Question 11

어느 실의 난방부하가 22,500kcal/h이다. 5세주 650mm의 주철제 방열기를 이용하여 온수난방을 하고자 한다면 방열기 쪽수는? (단, 쪽당 방열면적 0.25m²이다.)

해설 & 답

쪽수 = $\dfrac{\text{난방부하}}{\text{방열기 방열량} \times \text{쪽당 방열면적}} = \dfrac{22{,}500}{450 \times 0.25} = 200$쪽

Question 12

다음과 같이 발생되는 것을 무슨 현상이라고 하는지 쓰시오.
① 증기 배관을 따라 이송된다.
② 심할 경우 압력계가 파손될 수도 있음.
③ 보일러 수위 요동으로 수위 오판
④ 보일러 수면 내의 부유물이 증기와 함께 분출

해설 & 답

∴ 캐리오버(carry over) = 기수공발

Question 13

오르자트 가스분석기에서 가스 성분 측정 시 가스 명칭에 맞는 흡수제를 쓰시오.

해설 & 답

① CO_2 : KOH 30% 수용액
② O_2 : 알칼리성 피롤카롤 용액
③ CO : 암모니아성 염화제1동 용액

Question 14

다음 보기에서 공기조화 부하 중 현열과 잠열이 모두 발생하는 것에 해당되는 번호를 쓰시오.

① 틈새바람에 의한 열부하
② 사람으로부터 발생되는 인체 부하
③ 외기 도입 부하
④ 송풍기, 닥트로부터의 장치 부하
⑤ 형광등에서 발생되는 기기 부하
⑥ 벽, 유리창 등 구조체를 통한 관류 열부하

해설 & 답

∴ ①, ②, ③

Question 15

온수난방에서 다음의 각 방열기를 역귀환 방식으로 도시하시오.(2점)

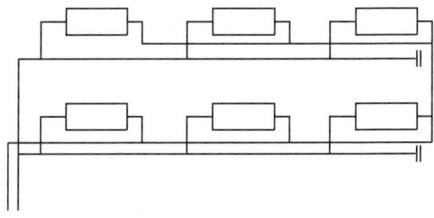

해설 & 답

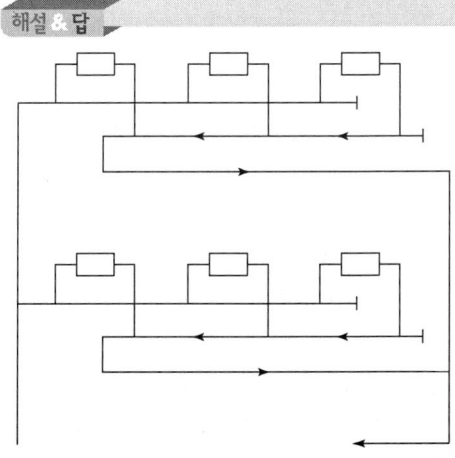

Question 16

최고사용압력이 5kg/cm², 전열면적이 40m², 전열면적 1m²당 최대증발량 35kg/h인 수관식 보일러에 설치할 스프링식 안전밸브의(고양정식) 밸브 시드 면적을 구하시오.

해설 & 답

$$W = \frac{(1.03P+1)AS}{10}$$

$$S = \frac{10 \times 35 \times 40}{1.03 \times 5 + 1} = 2276.42 \text{mm}^2$$

Question 01

보일러의 용량을 표시하는 방법 3가지를 쓰시오.

해설 & 답

① 보일러 마력 ② 상당방열면적 ③ 정격출력 ④ 정격용량
⑤ 전열면적 ⑥ 상당증발량 ⑦ 동의 크기

Question 02

인젝터 작동 불능 원인 3가지를 쓰시오.

해설 & 답

① 급수온도가 너무 높을 때(50℃ 이상 시)
② 증기압력이 낮거나(2kg/cm² 이하) 높을 때(10kg/cm² 초과)
③ 흡입 측으로부터 공기 누입 시
④ 인젝터 노즐 불량 시
⑤ 인젝터 자체의 온도가 너무 높을 때

Question 03

다음 배관용 강관의 명칭을 5가지 쓰시오.

(1) SPP (2) SPPS
(3) SPPH (4) SPHT
(5) SPLT (6) SPPY
(7) STSXT

해설 & 답

(1) SPP : 배관용 탄소강관
(2) SPPS : 압력 배관용 탄소강관
(3) SPPH : 고압 배관용 탄소강관
(4) SPHT : 고온 배관용 탄소강관
(5) SPLT : 저온 배관용 탄소강관
(6) SPPY : 배관용 아크용접 탄소강 강관
(7) STSXT : 배관용 스테인리스 강관

보충
① SPPW : 수도용 아연 도금 강관
② STPW : 수도용 도복장 강관
③ STH : 보일러 열교환기용 탄소강 강관
④ STHB : 보일러 열교환기용 합금강 강관
⑤ STLT : 저온 열교환기용 강관
⑥ SPS : 일반구조용 탄소강 강관
⑦ SM : 기계구조용 탄소강 강관
⑧ STA : 구조용 합금강 강관

Question 04

급수처리 중 슬러지 조정제의 종류 3가지를 쓰시오.

해설 & 답

① 탄닌 ② 녹말 ③ 리그닌

① **pH조정제(알칼리조정제)** : 인산소다, 암모니아, 수산화나트륨
② **연화제** : 인산소다, 탄산소다, 수산화나트륨
③ **탈산소제** : 탄닌, 아황산나트륨, 히드라진

Question 05
화염 검출기의 종류 3가지를 쓰시오.

해설 & 답

① 플레임 아이 : 화염의 발광체 이용
② 플레임 로드 : 화염의 이온화(전기전도성 이용)
③ 스택 스위치 : 화염의 발열

Question 06
파이프 렌치의 규격은 무엇을 기준으로 하는지 쓰시오.

해설 & 답

입을 최대로 벌려 놓은 전장

① 파이프 바이스의 크기 : 고정 가능한 파이프 지름의 치수
② 수평 바이스의 크기 : 조우의 폭

Question 07
증기발생량 5,000kg/h이고, 발생증기 엔탈피 660kcal/kg, 급수온도 65℃, 전열면적이 150m²일 때 전열면 상당증발량을 구하시오.

해설 & 답

$$G_e = \frac{G \times (h'' - h')}{539 \times A} = \frac{5{,}000 \times (660 - 65)}{539 \times 150} = 36.80\,\text{kg/h}$$

Question 08

연소용 공기비가 1.2, 연료의 성분 중 C : 86%, H : 10%, S : 4%이며 이론 공기량이 11Nm³/kg일 때 이론 건연소가스량을 구하시오.

해설 & 답

$$G_{od} = (1-0.21)A_o + 1.867C + 0.7S$$
$$= (1-0.21)11 + 1.867 \times 0.86 + 0.7 \times 0.04$$
$$= 10.32 \, \text{Nm}^3/\text{kg}$$

Question 09

다음에 설명하는 패킹제의 종류를 쓰시오.
(1) 기름에 침식되지 않고 내열범위가 −260~260℃의 패킹제
(2) 고무패킹의 일종으로 내열범위가 −46~121℃이고, 합성고무제품이며 내산화성, 내유성, 내후성이 있다.
(3) 탄성이 크고 흡수성이 없으며 열과 기름에 약하고 산, 알칼리에 강하다.

해설 & 답

① 테프론 ② 네오프렌 ③ 천연고무

1. **플랜지 패킹의 종류**
    ① 고무패킹 ② 석면 조인트 시트 ③ 합성수지 패킹 ④ 오일 실 패킹
2. **나사용 패킹의 종류**
    ① 페인트
    ② 일산화연 : 냉매 배관에 많이 사용.
    ③ 액상합성수지 : 내열범위가 −30~130℃ 정도로 약품에 강하고 내유성이 강해 증기, 기름, 약품 배관에 사용.
3. **글랜드 패킹** : 밸브의 회전부분에 기밀을 유지할 목적으로 사용.
    ① 석면 각형 패킹 : 석면을 각형으로 짜서 만든 것으로 내열, 내산성이 좋아 대형 밸브 그랜드로 사용.
    ② 석면 얀 : 석면을 꼬아서 만든 것으로 소형 밸브, 수면계 콕에 주로 사용.
    ③ 아마존 패킹 : 면포와 내열고무 콤파운드를 가공 성형한 것으로 압축기용 그랜드에 사용.
    ④ 몰드 패킹 : 석면, 흑연, 수지 등을 배합 성형한 것으로 밸브, 펌프 등의 그랜드에 사용.

Question 10

온수 보일러에서 입구온도가 90℃이고 출구온도가 60℃, 실내온도 18℃이고 방열계수 7.5kcal/m²h℃일 때 방열기 방열량을 구하시오.

해설 & 답

$$Q = 방열계수 \times \left(\frac{입구온도 + 출구온도}{2} - 실내온도\right)$$
$$= 7.5 \times \left(\frac{90+60}{2} - 18\right) = 544.5 \text{ kcal/m}^2\text{h}$$

Question 11

캐리오버 현상이 나타날 때 발생하는 장애 요인 5가지를 쓰시오.

해설 & 답

① 수격작용이 발생하여 관이나 밸브가 파손된다.
② 심하면 압력계 파손 또는 파동현상이 발생한다.
③ 증기와 혼입되어 보일러 외부관으로 송기된다.
④ 보일러 수위가 요동치며 수위 오판이 발생한다.
⑤ 습증기 발생으로 증기의 건도가 저하되어 증기의 질이 나빠진다.

보충 캐리오버 방지 방법
① 관수 농축 방지
② 프라이밍, 포밍 발생 방지
③ 수증기 밸브 서개
④ 고수위 운전을 하지 말 것.
⑤ 기수분리기나 비수방지만 설치

Question 12

다음 P-h 선도에서 포화액선, 등온선, 건조포화증기선, 임계점을 찾으시오.

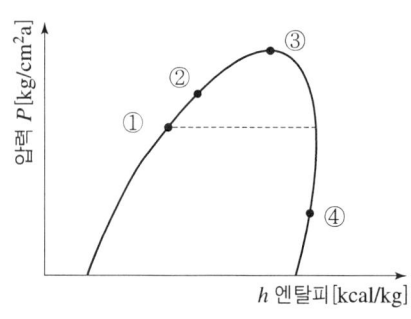

해설 & 답

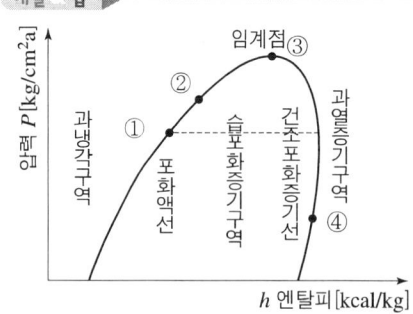

① 등온선   ② 포화액선   ③ 임계점   ④ 포화증기선

Question 13

다음 컨벡터 방열기의 표시방법을 쓰시오.

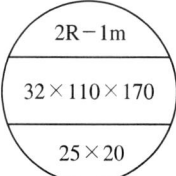

① 엘리멘트의 관경 :
② 핀의 치수×크기 :
③ 단수 :
④ 유입관경 :
⑤ 유출관경 :

해설 & 답

① 엘리멘트의 관경 : 32A   ② 핀의 치수×크기 : 110×70
③ 단수 : 2   ④ 유입관경 : 25A
⑤ 유출관경 : 20A

2016년도 제 60 회

Question 01

다음을 구별하시오.

발생증기 보유열, 연료의 현열, 배기가스 손실열, 연료의 연소열, 불완전 연소열, 공기의 현열, 방사에 의한 손실열, 노내분입증기 보유열

해설 & 답

① 입열 항목 : 연료의 현열, 공기의 현열, 연료의 연소열, 노내분입증기 보유열
② 출열 항목 : 방사에 의한 손실열, 배기가스 손실열, 불완전 연소열, 발생증기 보유열

Question 02

안전밸브 및 압력방출장치의 크기는 25A 이상이어야 하나, 호칭지름 20A 이상으로 할 수 있는 경우를 ( ) 안을 쓰시오.
(1) 최고사용압력이 (①)MPa 이하의 보일러
(2) 최고사용압력이 (②)MPa 이하의 보일러로 동체의 안지름 500mm, 동체의 길이가 (③)mm 이하의 것

해설 & 답

(1) ① 1
(2) ② 0.5 ③ 1,000

★보충 나머지 : ① 최고사용압력 0.5MPa 이하의 보일러로서 전열면적이 $2m^2$ 이하의 것
② 최대증발량이 5T/h 이하의 관류 보일러
③ 소용량 보일러

Question 03

자동 나사 절삭기의 종류를 쓰시오.

① 다이헤드식 나사 절삭기
② 호브식 나사 절삭기
③ 오스터식 나사 절삭기

Question 04

응축수 환수 방법 중 응축수 환수가 빠른 순서대로 쓰시오.

진공 환수식 > 기계 환수식 > 중력 환수식

Question 05

탄소 1kg 연소 시 필요한 이론산소량을 구하시오.(Nm^3)

$$C \;+\; O_2 \;\to\; CO_2$$
12kg $22.4 Nm^3$
1kg x

$$\therefore x = \frac{1\,kg \times 22.4\,Nm^3}{12\,kg} = 1.867\,Nm^3$$

Question 06

다음 설명에 맞는 부속 명칭을 쓰시오.

(1) 연료유의 분무 흐름이나 연소공기 사이에서 저유속 흐름을 유도함으로 불꽃의 안정성을 유지시키게 하는 장치이다.
(2) 버너 벽면에 설치된 밀폐상자로 공기 흐름을 적절히 유지하며 동압을 정압상태로 바꾸어 착화나 연속화염을 안정시키는 장치
(3) 저온의 노에서도 연소를 안정시켜 분출 흐름의 모양을 안정시키는 장치
(4) 버너의 첨단부분을 보호하며 화염의 모양을 형성시켜 연속화염을 안정시키는 내화재로 구축된 장치이다.

해설 & 답 / Explanation & Answer

(1) 스태빌라이저
(2) 윈드 박스
(3) 콤버스터
(4) 버너 타일

Question 07

다음은 화염 검출기의 종류에 대한 설명이다. 각각 어떤 종류의 검출기인지 그 명칭을 아래에 쓰시오.

(1) 연소 중에 발생하는 화염의 빛을 감지부에서 전기적 신호로 바꾸어 화염 유무를 검출
(2) 화염의 전기전도성을 이용한 것으로 화염 중에 전극을 삽입시키는 도전식과 정류작용을 하는 정류식이 있다.
(3) 연소가스의 열에 바이메탈의 신축작용으로 전기적 신호를 만들어 화염을 검출

해설 & 답 / Explanation & Answer

(1) 플레임 아이
(2) 플레임 로드
(3) 스택 스위치

Question 08

수트 블로어 사용 시 주의사항을 4가지를 쓰시오.

해설 & 답

① 부하가 적거나(50% 이하) 소화 후 사용하지 말 것.
② 분출기 내의 응축수를 배출시킨 후 사용할 것.
③ 분출하기 전 연도 내 배풍기를 사용, 유인 통풍을 증가시킬 것.
④ 한 곳으로 집중적으로 사용함으로 전열면에 무리를 가하지 말 것.

Question 09

시간당 연료 소비량이 200kg, 연료의 저위 발열량이 10,000kcal/kg이고, 발생 증기량이 2,500kg/h, 발생 증기 엔탈피 600kcal/kg, 급수 엔탈피 50kcal/kg일 때 보일러 효율을 구하시오.

해설 & 답

$$\text{효율} = \frac{\text{발생 증기량}(\text{발생 증기 엔탈피} - \text{급수 엔탈피})}{\text{연료 소비량} \times \text{저위 발열량}} \times 100$$

$$= \frac{2,500 \times (600 - 50)}{200 \times 10,000} \times 100 = 68.75\%$$

Question 10

강관의 동경 이음 시 필요한 재료 4가지를 쓰시오.

해설 & 답

① 소켓 ② 유니온 ③ 플랜지 ④ 니플

보충
① 관을 도중에서 분기할 때 : 티, 와이, 크로스
② 배관의 방향을 바꿀 때 : 엘보, 벤드
③ 서로 다른 지름의 관을 연결 시 : 부싱, 이경 소켓, 이경 엘보, 이경 티
④ 관 끝을 막을 때 : 플러그, 캡

Question 11

보일러 본체 철의 무게 250kg일 때 열전도율이 0.12kcal/kg℃이고 관수 80kg, 비열이 1kcal/kg℃, 가동 전 온도가 5℃, 가동 후 온도가 90℃일 때 보일러 예열부하를 구하시오.

해설 & 답 | Explanation & Answer

예열부하 $= (G \times C) + W \cdot C \cdot \Delta t$
$= (250 \times 0.12) + 80 \times 1 \times (90 - 5)$
$= 6830 \, \text{kcal}$

Question 12

관의 배치를 나타낸 도면으로 전기기기의 크기와 설치할 위치, 전선의 종별, 배관의 위치와 설치방법 등을 자세히 나타낸 도면의 명칭은 무엇인지 쓰시오.

해설 & 답 | Explanation & Answer

배관도

★보충 상세도 : 기계, 건축, 교량, 선박 등의 필요한 부분을 상세하게 나타낸 도면

Question 13

온수 순환펌프의 나사이음 바이패스(by-pass) 배관도를 다음 부속을 사용하여 간단히 도시하시오.

펌프(P) : 1개, 밸브(⋈) : 3개, 스트레이너(▽) : 1개
유니언(⊢⊢) : 3개, 티(⊥) : 2개, 엘보(⌐) : 2개

해설 & 답 | Explanation & Answer

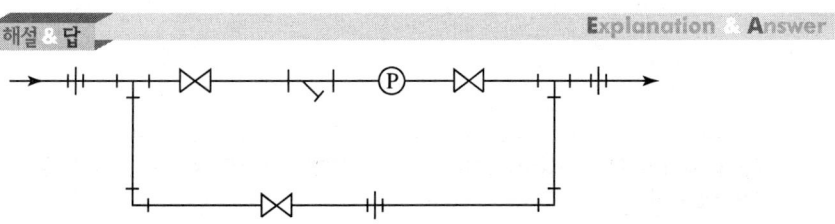

Question 14

보일러 열정산 시 기준이다. 다음 물음에 답하시오.
(1) 시험부하 :
(2) 발열량 :
(3) 기준온도 :

해설 & 답

(1) 정격부하 기준
(2) 저위 발열량 기준
(3) 외기온도 기준

보충
① 측정시간은 1시간
② 측정은 매 10분마다
③ 증기의 건도는 0.98로 한다.
④ 열계산은 사용연료 1kg에 대해서
⑤ 압력변동은 ±7% 이내, 증기발생량 변동은 ±15% 이내

Question 15

부탄 1kg 연소 시 이론공기량을 구하시오. (단, 공기 중 산소농도는 21%로 한다.)

해설 & 답

$C_4H_{10} + 6.5O_2 \rightarrow 4CO_2 + 5H_2O$

58kg　　$6.5 \times 22.4 Nm^3$
1kg　　　x

$x = \dfrac{1\,kg \times 6.5 \times 22.4\,Nm^3}{58\,kg} = 2.51\,Nm^3$

$\therefore A_0(\text{이론공기량}) = \dfrac{\text{이론 산소량}}{0.21} = \dfrac{2.51}{0.21} = 11.95\,Nm^3/kg$

※ 기능장 실기 문제는 수험생분들의 이야기를 토대로 만들기 때문에 문제가 상이할 수 있음을 알려드립니다.

2017년도 제 61 회

Question 01
열정산의 방법 중 입열항목 3가지를 쓰시오.

해설 & 답

① 연료의 현열 ② 공기의 현열 ③ 연료의 연소열
④ 급수의 현열 ⑤ 노배분입증기 보유열

Question 02
상당 증발량 구하는 공식을 쓰시오.

해설 & 답

$$Ge = \frac{G \times (h'' - h')}{539}$$

여기서, Ge : 상당 증발량(kg/h)
G : 실제증발량 = 급수량(kg/h)
h'' : 발생증기엔탈피(kcal/kg)
h' : 급수엔탈피(kcal/kg)

Question 03

팽창탱크의 설치목적 3가지를 쓰시오.

해설 & 답

① 체적팽창, 이상팽창압력 흡수
② 보충수 공급 역할
③ 온수의 온도 일정하게 유지

Question 04

상당증발량이 2000kg/h이고 저위발열량이 10000kcal/kg 증기보일러의 효율이 80%일 때 연료 사용량을 구하시오.

해설 & 답

$$효율 = \frac{Ge \times 539}{Gf \times Hl} \times 100$$

$$\therefore Gf = \frac{Ge \times 539 \times 100}{효율 \times Hl} = \frac{2000 \times 539 \times 100}{80\% \times 10000} = 134.75 \, kg/h$$

$$또는 = \frac{2000 \times 539}{0.8 \times 10000} = 134.75 \, kg/h$$

Question 05

중유의 성분이 탄소 80%, 수소 20%이고 공기비가 1.2일 때 중유 10kg을 연소시킬 때 실제공기량은 얼마인가?

해설 & 답

$$A = m \times A_o = 1.2 \times 16.09 \times 10 = 193.08 \, kg/kg$$

$$A_o = 11.49C + 34.5\left(H - \frac{O}{8}\right) + 4.31 \, kg/kg$$

$$= 11.49 \times 0.8 + 34.5 \times 0.2 = 16.09 \, kg/kg$$

Question 06

어떤 보일러의 연료소비량이 200kg/h이고 유예열기 출구온도가 80℃, 입구온도가 50℃, 연료의 평균비열이 0.45일 경우 히터의 용량은 얼마인가?(단, 효율은 80%이다.)

해설 & 답

$$\text{kWh} = \frac{Gf \times C \times (t_1 - t_2)}{860 \times E} = \frac{200 \times 0.45 \times (80-50)}{860 \times 0.8} = 3.92$$

Question 07

원심송풍기의 풍량 조절 방법을 쓰시오.

해설 & 답

① 송풍기의 회전수를 변화시키는 방법
② 흡입구 댐퍼에 의한 조절
③ 토출구 댐퍼에 의한 조절

Question 08

다음 물음에 답하시오.
(1) 화염에서 발생하는 빛을 검출하는 광학적 검출방법에 따른 종류 3가지를 쓰시오.
(2) 화염의 전기전도성을 이용한 화염검출기 1가지를 쓰시오.

해설 & 답

(1) ① cds셀(유화카드뮴광도전셀)
 ② pbs셀(유화연광도전셀)
 ③ 광전관
 ④ 자외선 광전관
(2) 플레임로드

Question 09

창문과 문을 포함한 벽체 면적이 50m² 이고 외기온도가 –10℃, 실내온도 22℃ 창문과 문을 포함한 벽체의 평균 열관류율이 5kcal/m²h℃ 방위계수가 1.1일 때 난방부하를 구하시오.

해설 & 답 — Explanation & Answer

$$Q = K \cdot A \cdot \Delta t = 5 \times 50 \times (22-(-10)) \times 1.1$$
$$= 8800 \text{kcal/h}$$

Question 10

다음 문장의 ( ) 안을 채우시오.

① 급수장치에서 전열면적이 (㉠)m² 이하의 가스용 온수보일러에는 보조펌프를 생략할 수 있다.
② 급수밸브에서 최고사용압력이 (㉡)MPa 미만의 보일러에는 체크밸브를 생략할 수 있다.
③ 급수밸브의 크기는 전열면적이 10m² 이하인 경우에는 15A 이상, 전열면적이 10m² 초과 시에는 (㉢)A 이상으로 한다.

해설 & 답 — Explanation & Answer

㉠ 14
㉡ 0.1
㉢ 20

※ 기능장 실기 문제는 수험생분들의 이야기를 토대로 만들기 때문에 문제가 상이할 수 있음을 알려드립니다.

2017년도 제 62 회

Question 01
보일러의 열정산의 목적 3가지를 쓰시오.

해설 & 답

① 열의 손실 파악 ② 열 설비의 성능 능력 파악
③ 조업 방법 개선 ④ 열 설비의 구축 자료

Question 02
수면계 점검순서를 쓰시오.

해설 & 답

① 증기밸브를 닫는다.
② 드레밸브를 열어 수를 빼낸다.
③ 물 밸브를 닫는다.
④ 증기밸브를 연다.
⑤ 드레인 밸브를 닫고 물 밸브를 연다.

03 그루빙 발생 장소 3가지를 쓰시오.

① 노통 보일러의 경판과 접합부 및 만곡부
② 관, 판, 나사 스테이 만곡부
③ 연돌관, 화실하단, 노통의 플랜지 만곡부

04 출열 항목 5가지를 쓰시오.

① 배기가스 손실열
② 방사에 의한 손실열
③ 불완전 연소에 의한 손실열
④ 미연분에 의한 손실열
⑤ 발생증기 보유열

05 가압수식 집진장치의 종류 3가지를 쓰시오.

① 벤튜리 스크레버
② 싸이클론 스크레버
③ 충전탑

Question 06
동관용 공구 3가지를 쓰시오.

해설 & 답

① 익스펜더 : 확관용
② 사이징 투울 : 원형가공
③ 튜브커터 : 동관절단
④ 튜브벤더 : 동관절곡
⑤ 플레어링 투울 : 나팔관 모양 정형

Question 07
강철제 보일러의 수압시험 압력을 쓰시오.

해설 & 답

① 최고 사용압력이 4.3kg/cm^2 이하 : $P \times 2$배
② 최고 사용압력이 4.3kg/cm^2 초과 15kg/cm^2 이하일 때 : $P \times 1.3 + 3$배
③ 최고 사용압력이 15kg/cm^2 초과일 때 : $P \times 1.5$배
여기서, P : 최고사용압력

Question 08
안전밸브 및 압력방출장치의 크기는 25A 이상이어야 한다. 20A로 할 수 있는 경우이다. 다음 안을 채우시오.

① 최고사용압력이 (㉠)MPa 이하의 보일러
② 최고사용압력 5kg/cm^2 이하이고 동체의 안지름(㉡)mm 이하 동체의 길이가 (㉢)mm 이하인 보일러
③ 최고사용압력 5kg/cm^2 이하이고 전열면적 (㉣)m^2 이하의 보일러
④ 최대증발량이 (㉤)T/h 이하인 관류보일러

해설 & 답

㉠ 0.1   ㉡ 500   ㉢ 1000   ㉣ 2   ㉤ 5

Question 09
프로판과 메탄의 생성물질 2가지를 쓰시오.

해설 & 답

① $C_3H_8 + 5O_2 \rightarrow 3CO_2 + 4H_2O$
② $CH_4 + 2O_2 \rightarrow CO_2 + 2H_2O$
∴ ① 탄산가스 ② 물

Question 10
알칼리 세관시 사용 약제 3가지를 쓰시오.

해설 & 답

① 가성소다 ② 탄산소다 ③ 아황산소다

Question 11
중유의 원소 조성이 C : 78%, H : 12%, O : 3%, S : 2% 기타가 5%일 때 이론산소량(Nm^3/kg)을 구하시오.

해설 & 답

$$O_o = 1.867C + 5.6\left(H - \frac{O}{8}\right) + 0.75$$
$$= 1.867 \times 0.78 + 5.6\left(0.12 - \frac{0.03}{8}\right) + 0.7 \times 0.03$$
$$= 2.12 Nm^3/kg$$

Question 12

어떤 보일러의 연소효율이 90%, 전열효율이 85%, 배기가스 손실열이 8.5%, 방산 손실열이 15%이다. 열효율은?

해설 & 답

열효율 = 연소효율 × 전열효율 × 100
= 0.9 × 0.85 × 100
= 76.5%

Question 13

효율이 63%인 보일러를 90%인 보일러로 교체했을 때 연간 절약 연료량(l/년) 및 연간 절감금액(원/년)을 각각 구하시오.(단, 사용연료량은 연간 124900l/년, 연간단가 170원/l이다.)

해설 & 답

① 연간 절약연료량 : $\dfrac{90-63}{90} \times 124900 = 37470 l/\text{년}$

② 연간 절감금액 : $37470 \times 170 = 6369,900$원/년

※ 기능장 실기 문제는 수험생분들의 이야기를 토대로 만들기 때문에 문제가 상이할 수 있음을 알려드립니다.

2018년도 제 63 회

Question 01. 급수처리 목적 3가지를 쓰시오.

① 관수 pH 조절
② 관수농축 방지
③ 슬러지, 스케일 생성 방지
④ 부식 방지
⑤ 프라이밍, 포밍 발생 방지

Question 02. 증기트랩의 종류를 쓰시오.

① 기계적 트랩 : 버킷, 플로우트
② 온도조절 트랩 : 바이메탈, 벨로우즈
③ 열역학적 트랩 : 오리피스, 디스크

Question 03. 급수내관의 설치 위치를 쓰시오.

안전저수의 50mm 하부

Question 04. 자동제어의 목적 3가지를 쓰시오.

① 보일러의 안전운전
② 경제적이고 고효율적인 증기의 생산
③ 일정한 온도나 압력의 증가를 얻기 위함
④ 인건비 절감

Question 05. 강제 통풍시 통풍력 조절 방법 3가지를 쓰시오.

① 댐퍼의 조절
② 송풍기 회전수 조절
③ 흡입베인의 개폐

Question 06

동관의 종류 3가지를 쓰시오.

해설 & 답

① 튜브벤더 ② 튜브커터
③ 사이징투울 ④ 익스펜더
⑤ 플레어링투울셋

Question 07

프로판 1Nm³ 연소시 이론공기량을 구하시오.

해설 & 답

$$C_3H_8 + 5O_2 \rightarrow 3CO_2 + 4H_2O$$

$22.4\text{m}^3 \quad 5 \times 22.4\text{m}^3$
$1\text{m}^3 \qquad x$

$$x = \frac{1\text{m}^3 \times 5 \times 22.4\text{m}^3}{22.4\text{m}^3} = 5\text{m}^3/\text{m}^3$$

$$\therefore A_o = \frac{O_o}{0.21} = \frac{5}{0.21} = 23.8\text{Nm}^3/\text{Nm}^3$$

Question 08

나사이음, 용접이음, 플렌지이음, 유니온이음을 도시하시오.

해설 & 답

① 나사이음 : ──┼──
② 용접이음 : ──●──
③ 플렌지이음 : ──┤├──
④ 유니온이음 : ──┤╫──

Question 09
팽창탱크의 설치목적을 3가지 쓰시오.

해설 & 답

① 보충수 공급
② 체적팽창 및 이상팽창압력 흡수
③ 온수의 온도를 일정하게 유지

Question 10
자동제어에서 신호전송방법 3가지를 신호전달거리가 먼 것부터 차례로 쓰시오.

해설 & 답

전기식 → 유압식 → 공기압식

Question 11
자연통풍력을 증가시키는 방법 3가지를 쓰시오.

해설 & 답

① 연돌 높이를 높게 한다.
② 연돌 단면적을 크게 한다.
③ 배기가스 온도를 높게 한다.

12

연돌출구에서 평균온도가 200℃인 연소가스가 시간당 30Nm³으로 흐르고 있다. 이 연돌의 연소가스 유속을 4m/sec로 유지하기 위해서는 연돌의 상부면적은 얼마인가?

해설 & 답

연돌상부단면적 $= \dfrac{G(1+0.0037t)}{3600 \times V} = \dfrac{300(1+0.0037 \times 200)}{3600 \times 4} = 0.04 \text{m}^2$

13

다음 제어장치의 부품을 각각 어디에 부착하는가?
① 스텍 릴레이 :
② 프로텍트 릴레이 :
③ 콤비네이션 릴레이 :

해설 & 답

① 스텍 릴레이 : 연도
② 프로텍트 릴레이 : 버너
③ 콤비네이션 릴레이 : 보일러 본체

14

실내온도 조절기 설치시 방열기 (①)이나 (②) 등을 피하고, 바닥으로부터 (③)m 위치에 (④)으로 설치한다. 다음 괄호는 채우시오.

해설 & 답

① 상당   ② 현관
③ 1.5   ④ 수직

Question 15
보일러 용량 표시 방법 3가지를 쓰시오.

해설 & 답

① 정격출력
② 정격용량
③ 보일러마력
④ 상당증발량
⑤ 전열면적

Question 16
난방용 증기 보일러의 상당방열면적이 1500m³이다. 증기의 증발잠열은 539kcal/kg이고 증기관내 응축수량은 방열기내 응축수량의 20%라 할 때 시간당 응축수량은?

해설 & 답

$$W = \frac{650 \times 1500}{539} \times 1.2 = 2170.68 \text{kg/h}$$

※ 기능장 실기 문제는 수험생분들의 이야기를 토대로 만들기 때문에 문제가 상이할 수 있음을 알려드립니다.

2018년도 제 64 회

Question 01
기체연료의 특징 5가지를 쓰시오.

해설 & 답

① 적은 공기량으로 완전연소가 가능하다.
② 가스 누설 시 폭발의 위험이 있다.
③ 발열량이 낮은 연료로 고온을 얻을 수 있다.
④ 운반, 저장이 어렵다.
⑤ 황분, 회분이 거의 없어 전열면 오손이 없다.

Question 02
보일러 내부 산 세정 후 사용하는 중화 방청제의 종류 5가지를 쓰시오.

해설 & 답

① 가성소다 ② 탄산소다 ③ 인산소다 ④ 암모니아 ⑤ 히드라진

Question 03

가성취하에 대하여 쓰시오.

해설 & 답

고온, 고압 보일러에서 알칼리도가 높아져 생기는 Na, H 등이 강재의 결정 입계에 침투하여 재질을 열화시키는 현상

Question 04

온수보일러에서 연소가스의 통로에 배플 플레이트를 설치하는 이유를 쓰시오.

해설 & 답

연소가스 흐름방향을 조절하여 열회수와 그을음 부착량을 감소시키기 위해서

Question 05

시간당 실제 증발량이 2000kg, 급수엔탈피가 20kcal/kg, 발생증기 엔탈피가 650kcal/kg일 때 상당증발량을 구하시오.

해설 & 답

$$Ge = \frac{G \times (h'' - h')}{539} = \frac{2000 \times (650 - 20)}{539} = 2337.66 \text{kg/h}$$

06 내화물의 스폴링 현상에 대하여 쓰시오.

Explanation & Answer

박락현상이라도도 하며 내화벽돌 등이 사용 중 내부에 생성되는 응력 때문에 균열이 생기거나 표면이 떨어지는 현상

 07 관류보일러의 특징 5가지를 쓰시오.

Explanation & Answer

① 전열면적이 커서 효율이 높다.
② 가동부하가 짧아 부하측에 대응하기 쉽다.
③ 고압이므로 증기의 열량이 크다.
④ 순환비가 1이어서 드럼이 필요 없다.
⑤ 내부구조가 복잡하여 청소, 검사, 수리가 곤란하다.
⑥ 완벽한 급수처리를 해야 한다.

 08 보일러의 공급열량이 12000kcal/h이고, 손실열량이 3000kcal/h일 때 보일러 효율은 얼마인가?

Explanation & Answer

$12000 - 3000 = 9000 \text{kcal/h}$

$\therefore \dfrac{9000}{12000} \times 100 = 75\%$

Question 09

예열온도가 높을 때 연소에 미치는 영향 4가지를 쓰시오.

해설 & 답

① 연료소비량 증대 ② 탄화물 생성
③ 분사각도 불량 ④ 기름의 분해

Question 10

연돌상부 최소 단면적이 3200cm²이고, 연돌로 배출되는 배기가스가 4000Nm³일 때 배기가스의 유속은 얼마인가? (단, 배기가스 평균온도는 220℃이다.)

해설 & 답

$$A = \frac{G \times (1 + 0.0037t)}{3600 \times W} = \frac{4000 \times (1 + 0.0037 \times 220)}{3600 \times 3200 \times 10^{-4}} = 6.298 \text{m/s}$$

Question 11

가스배관 시공시 외부에 표시해야 할 사항 3가지를 쓰시오.

해설 & 답

① 최고 사용압력 ② 가스의 흐름 방향 ③ 사용 가스명

Question 12

강제순환식 보일러에서 순환비란 무엇인지 쓰시오.

해설 & 답

순환비 = $\dfrac{\text{급수량}}{\text{발생증기량}}$

∴ 발생증기량에 대한 급수량관의 비율을 나타낸 것

Question 13

다음 설명하는 공구의 명칭을 쓰시오.
① 관절단 후 생기는 거스더미 제거
② 동관의 끝을 원형으로 가공
③ 동관의 끝을 확관하는데 사용
④ 동관의 끝을 나팔관 모양으로 정형

해설 & 답

① 리머   ② 사이징툴
③ 익스펜더   ④ 플레어링 툴셋

Question 14

다음 보기에서 주어진 부속품을 이용하여 바이패스 배관을 완성하시오.

〈보기〉 티 : 2개, 유니온 : 3개, 엘보 : 2개, 게이트밸브 : 2개
글로브밸브 : 1개, 스팀트랩(⊗) : 1개, 스트레이너 : 1개

해설 & 답

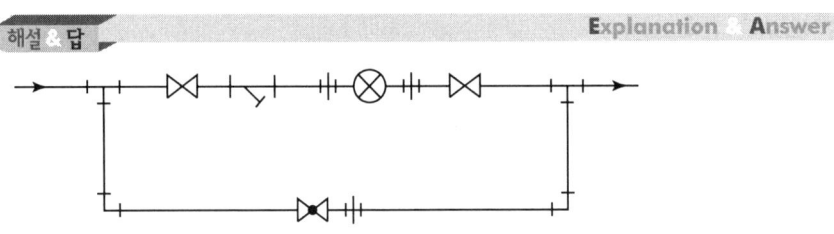

Question 15

버너입구에 설치하는 전자밸브는 어떤 경우에 연료공급을 차단하는지 3가지만 쓰시오.

해설 & 답

① 저수위 안전장치 작동시
② 송풍기가 작동되지 않을 때
③ 증기압력제한기가 작동 시
④ 급수가 부족한 경우
⑤ 버너의 연소상태가 정상이 아닌 경우

※ 기능장 실기 문제는 수험생분들의 이야기를 토대로 만들기 때문에 문제가 상이할 수 있음을 알려드립니다.

2019년도 제 65 회

Question 01
개방식 팽창탱크에 부착된 관의 명칭 5가지를 쓰시오.

해설 & 답

팽창밸브: 이상 팽창압력을 흡수하는 장치
[설치목적] ㉠ 체적팽창, 이상팽창압력을 흡수한다.
㉡ 관내 온수온도와 압력을 일정하게 유지한다.
㉢ 보충수를 공급한다.
㉣ 관수배출을 하지 않아 열손실을 방지한다.

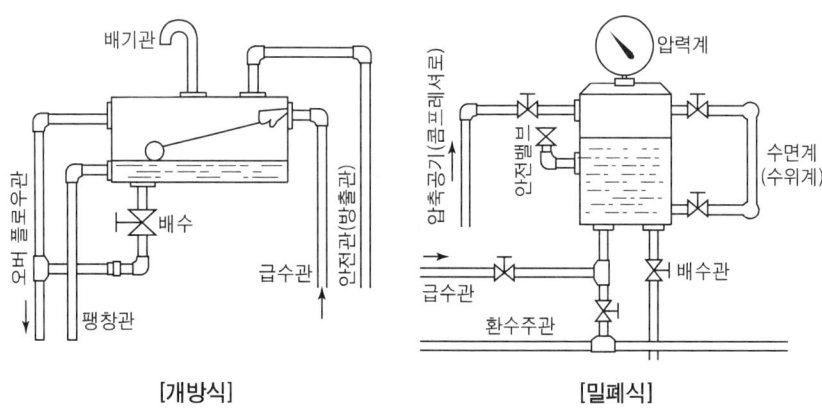

[개방식]   [밀폐식]

※ ① 배기관 ② 안전관 ③ 급수관 ④ 팽창관 ⑤ 오우플로우관

Question 02

다음 빈 칸을 채우시오.

증기보일러에는 (①)개 이상의 안전밸브 설치해야 한다. 전열면적이 50m² 이하의 증기보일러에는 (②)개 이상으로 하고 안전밸브는 쉽게 검사할 수 있는 장소에 (③)으로 보일러 동체에 직접 부착시켜야 한다.

해설 & 답

① 2개   ② 1개   ③ 수직

Question 03

증기보일러의 과열방지 대책 3가지를 쓰시오.

해설 & 답

① 전열면 국부과열방지
② 적정 보일러 수위 유지
③ 관수 농축 방지
④ 동내부 스케일 생성 방지

Question 04

화염검출기의 종류를 쓰시오.

해설 & 답

① 플레임 아이 : 화염의 발광체 이용
② 플레임 로드 : 화염의 이온화 현상(전기전도성)
③ 스텍 스위치 : 화염의 발열

Question 05

청관제를 사용하는 목적 5가지를 쓰시오.

① 관수의 pH 조정 ② 관수의 연화
③ 포밍발생 방지 ④ 가성취화 방지
⑤ 슬러지의 조정

Question 06

연료의 저위발열량과 고위발열량을 구분하는 것은 무엇인가?

① $Hl = Hh - 600(9H + W)$

② $Hh = Hl + 600(9H + W)$ ⎬ 수증기의 응축잠열

③ 수증기의 응축잠열 $= Hh - Hl$
　여기서, Hh : 고위발열량(총발열량), Hj : 저위발열량(진발열량)

Question 07

증기난방에서 응축수 환수방법 중 빠른 순서대로 나열하시오.

진공환수식 > 기계환수식 > 중력환수식

Question 08

원심급수펌프의 회전수가 1500rpm으로 회전시 양정이 80m, 유량이 0.6m³/min이다. 이 펌프의 회전수를 1800rpm으로 변경하면 양정과 유량은 얼마인가?

해설 & 답 — Explanation & Answer

① $Q_2 = Q_1 \times \left(\dfrac{N_2}{N_1}\right)^1 = 0.6 \times \left(\dfrac{1800}{1500}\right)^1 = 0.72 \, \text{m}^3/\text{min}$

② $H_2 = H_1 \times \left(\dfrac{N_2}{N_1}\right)^2 = 80 \times \left(\dfrac{1800}{1500}\right)^2 = 115.2 \, \text{m}$

③ $kW_2 = kW_1 \times \left(\dfrac{N_2}{N_1}\right)^3$

Question 09

몰리엘선도에서 ①~④의 명칭을 쓰시오.

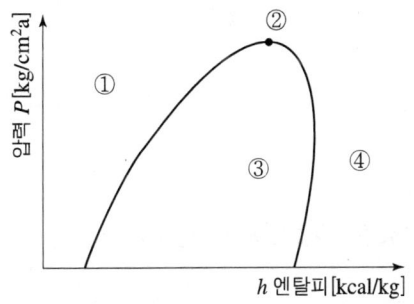

해설 & 답 — Explanation & Answer

① 과냉각액 구역(포화수 구역)
② 임계점
③ 습포화증기 구역
④ 과열증기 구역

Question 10

진공환수식의 장점을 3가지만 쓰시오.

해설 & 답

① 방열기 설치장소에 제한을 받지 않는다.
② 환수관의 관경을 적게 할 수 있다.
③ 방열기 방열량을 광범위하게 조절이 가능하다.

Question 11

보기에서 주어진 프로판의 완전연소반응식의 빈칸에 알맞은 숫자를 쓰고 1kg 당의 발열량을 계산하시오.

〈보기〉
(①)C_3H_8 + (②)O_2 → (③)CO_2 + (④)H_2O + 530000cal/mol

해설 & 답

(1) ① 1 ② 5 ③ 3 ④ 4
(2) 44kg = 530000
   1kg = x $x = \dfrac{1\text{kg} \times 530000}{44\text{kg}} = 12045.45 \text{kcal/kg}$

Question 12

가성취화란 무엇인지 설명하시오.

해설 & 답

고온, 고압 보일러에서 알칼리도가 높아져 생기는 Na, H 등이 강재의 결정 입계에 침투하여 재질을 열화시키는 현상

Question 13

증기보일러에서 저수위 안전장치를 설치하는 최고사용압력은 몇 MPa인가?

해설 & 답

0.1MPa 초과시

Question 14

저위발열량이 9750kcal/kg인 연료를 시간당 1500kg 사용시 게이지 압력이 0.5MPa 상태의 증기를 22000kg/h 발생시키는 보일효율을 증기표를 이용하여 구하시오. (단, 급수온도는 20℃이고 발생증기의 건도는 0.9이다.)

증기절대압력 (MPa)	포화수엔탈피 (kcal/kg)	증기엔탈피 (kcal/kg)	증발잠열 (kcal/kg)
0.4	148	650	520
0.5	153	655	510
0.6	162	660	500

해설 & 답

① 습포화증기엔탈피(h_2) = 포화수엔탈피 + $x \times \gamma$
$$= 162 + 0.9 \times (660 - 162)$$
$$= 610.2 \text{kcal/kg}$$

② 효율 = $\dfrac{G \times (h'' - h')}{Gf \times Hl} \times 100 = \dfrac{22000 \times (610.2 - 20)}{1600 \times 9750} \times 100 = 83.23\%$

※ 기능장 실기 문제는 수험생분들의 이야기를 토대로 만들기 때문에 문제가 상이할 수 있음을 알려드립니다.

2019년도 제 66 회

Question 01

저위발열량이 9750kcal/kg이고, 연소실 용적이 13m³인 보일러에서 시간당 연료소비량이 80kg일 경우 연소실 열발생률(연소실 열부하)를 구하시오.

해설 & 답

연소실 열부하$(kcal/m^3h) = \dfrac{Gf \times Hl}{V} = \dfrac{80 \times 9750}{13} = 60000 kcal/m^3h$

Question 02

보일러 정기점검시기 4가지를 쓰시오.

해설 & 답

① 중간 청소를 할 때
② 연소실, 연도 등의 내화벽돌 등을 수리한 경우
③ 누수 그 외의 손상이 생겨서 보일러를 휴지 시
④ 계속사용안전검사 등을 받기 전(허가 전)

Question 03

보일러 자동제어에서 제어량에 따른 조작량을 쓰시오.
(1) 증기 압력제어 : (①), (②)
(2) 노내 압력제어 : (③)
(3) 보일러 수위 : (④)

해설 & 답

① 연료량   ② 공기량   ③ 연소가스량   ④ 급수량

제어량과 조작량의 관계

제어	제어량	조작량
S.T.C(증기온도제어)	과열증기온도	전열량
F.W.C(급수제어)	보일러 수위	급수량
A.C.C(자동연소제어)	증기 압력계 제어	연료량, 공기량
	노내 압력계 제어	연소가스량, 송풍량

Question 04

보기에서 주어진 수면계 기능시험 방법을 순서대로 쓰시오.

〈보기〉 ① 증기밸브를 열고 통수 확인을 한다.
② 드레인 밸브를 연다.
③ 증기밸브, 물밸브를 닫는다.
④ 물밸브를 천천히 연다.
⑤ 드레인 밸브를 닫는다.
⑥ 물밸브를 열고 통수확인 후 닫는다.

해설 & 답

③ → ② → ⑥ → ① → ⑤ → ④

Question 05

보일러의 부식 속도 측정방법을 3가지 쓰시오.

해설 & 답

① 임피던스법 ② 용액분석법
③ 선형분극법 ④ 무게측정법

Question 06

다음 중 재처리 약품에 대해 쓰시오.
① pH 및 알칼리 조정제 :   ② 슬러지 조정제 :
③ 연화제 :   ④ 탈산소제 :

해설 & 답

① 인산소다, 암모니아, 수산화나트륨
② 리그닌, 녹말(전분), 탄닌
③ 인산소다, 탄산소다, 수산화나트륨
④ 탄닌, 아황산소다, 히드라진

Question 07

증기관에 압력계를 설치 시 증기가 직접 압력계에 들어가지 않도록 사용하는 관의 명칭과 안지름을 쓰시오.

해설 & 답

① 사이폰관, 안지름 6.5mm 이상
② 동관, 안지름 6.5mm 이상
③ 강관, 안지름 12.7mm 이상

Question 08

연소장치에서 카본 트러블(Carbon trouble) 현상에 대해 쓰시오.

해설 & 답

오일버너에서 무화 불량이나 연소상태가 불량인 경우에 오일의 미립자가 불완전연소하여 그을은 상태로 고온의 연소실 벽이나 버너타일 등에 부착하여 연소를 악화시키고 이로 인해 다시 카본이 생성되어 퇴적하는 악순환이 계속되는 현상

Question 09

보일러 열효율이 90%이고, 연소효율이 95%일 때 전열효율은 얼마인가?

해설 & 답

보일러 효율 = 연소효율 × 전열효율 × 100

전열효율 = $\dfrac{보일러효율}{연소효율} \times 100 = \dfrac{90}{95} \times 100 = 94.74\%$

Question 10

온수난방부하가 10000kcal/h인 곳의 온수를 열매체로 사용하는 5세주형 650mm의 주철제 방열기 설치 시 쪽수와 방열면적을 구하시오. (단, 1쪽당 방열면적은 0.26이다.)

해설 & 답

① 난방부하 = 방열기 방열량 × 방열면적

∴ 방열면적 = $\dfrac{난방부하}{방열기\ 방열량} = \dfrac{1000}{450} = 22.22 \text{m}^2$

② 쪽수 = $\dfrac{난방부하}{방열기\ 방열량 \times 쪽당\ 방열면적} = \dfrac{10000}{450 \times 0.26} = 85.47$쪽

※ 표준방열량 : • 온수난방 : 450kcal/m²h, • 증기난방 : 650kcal/m²h

Question 11

다음은 개방식 팽창탱크의 배관도면이다. ①~⑤의 관 명칭을 쓰시오.

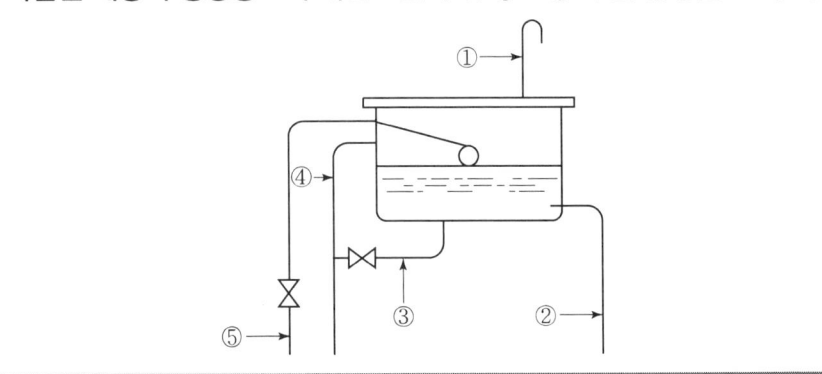

해설 & 답

① 공기빼기관
② 팽창관
③ 배수관
④ 오버플로우관
⑤ 급수관

Question 12

배기가스 유량이 3600Nm³/h인 연도에 공기가 통과하는 유량이 2030Nm³/h인 공기예열기를 설치하였더니 배기가스 온도가 300℃에서 230℃로 낮아졌고 연소용 공기는 25℃에서 200℃로 상승시 공기예열기의 효율은? (단, 공기의 비열은 0.31kcal/Nm³℃, 배기가스의 비열은 0.47kcal/Nm³℃이다.)

해설 & 답

$$공기예열기\ 효율 = \frac{2030 \times 0.31 \times (200-250)}{3600 \times 0.47 \times (300-230)} \times 100 = 92.98\%$$

Question 13

원심펌프의 유량이 300m³/min이고, 회전수가 400rpm, 축동력이 6PS일 때 회전수를 500rpm으로 변경시 다음을 계산하시오.

(1) 변경된 유량을 계산
(2) 변경된 축동력을 계산

해설 & 답

$$Q_2 = Q_1 \times \left(\frac{N_2}{N_1}\right)$$

$$H_2 = H_1 \times \left(\frac{N_2}{N_1}\right)^2$$

$$kW_2(PS_2) = kW_1(PS_1) \times \left(\frac{N_2}{N_1}\right)^3$$

(1) $Q_2 = 300 \times \left(\frac{500}{400}\right)^1 = 375 \text{m}^3/\text{min}$

(2) $PS_2 = 6 \times \left(\frac{500}{400}\right)^3 = 11.72 \text{PS}$

Question 14

다음 빈 칸을 채우시오.

상당증발량이란 표준대기압하에서 (①)℃의 포화수가 (②)℃의 건포화증기로 변화시키는 경우의 1시간당 증발량

해설 & 답

① 100
② 100

※ 기능장 실기 문제는 수험생분들의 이야기를 토대로 만들기 때문에 문제가 상이할 수 있음을 알려드립니다.

2020년도 제 67 회

Question 01

다음은 보일러 설치검사 기준에 따른 수압시험방법을 설명한 것이다. ( ) 안에 알맞은 내용을 쓰시오.

(1) 공기를 빼고 물을 채운 후 천천히 압력을 가하여 규정된 시험수압에 도달된 후 (①)분이 경과된 뒤에 검사를 실시하여 검사가 끝날 때까지 그 상태를 유지한다.

(2) 시험수압은 규정된 압력의 (②)% 이상을 초과하지 않도록 모든 경우에 대한 적절한 제거를 마련하여야 한다.

해설 & 답

① 30
② 6

Question 02

효율이 85%인 보일러에서 발열량이 48000kJ/kg인 연료를 연소시켜 3ton/h의 포화증기를 발생 시 연료소비량은 얼마인가? (단, 물의 증발잠열은 2166kJ/kg이다.)

해설 & 답

$$효율 = \frac{G \times (h'' - h')}{Gf \times Hl} \times 100$$

$$Gf(\text{kg/h}) = \frac{G \times (h'' - h')}{효율 \times Hl} \times 100 = \frac{3 \times 1000 \times 2166}{85\% \times 480000} \times 100 = 159.26 \text{kg/h}$$

Question 03 배관작업 시 같은 지름의 강관을 직선으로 이음시 사용할 수 있는 이음쇠의 종류 4가지를 쓰시오.

해설 & 답 — Explanation & Answer

① 소켓 ② 유니온 ③ 니플 ④ 플랜지

보충
① 관 끝을 막을 때 : 플러그, 캡
② 서로 다른 관 연결 시 : 부싱, 레듀샤, 이경티, 이경엘보

Question 04 캐리오버(carry over) 발생 시 장해 4가지를 쓰시오.

해설 & 답 — Explanation & Answer

① 배관 내의 수격작용 발생 ② 배관의 부식
③ 저수위 사고 ④ 증기열량의 감소

Question 05 〈보기〉는 겨울철에 벽이나 창문에 발생하는 결로현상에 대한 설명이다. ( ) 안에 알맞은 내용을 선택하시오.

〈보기〉
벽이나 유리창 표면에 이슬이 맺히는 현상을 ①(습구온도, 건구온도)가 ②(같아, 낮아, 높아)서 실내의 ③(습구온도, 건구온도)와 차이가 ④(낮아, 높아) 이슬이 맺히는 현상으로 이는 유리창 밖 외기온도의 ⑤(빙점온도, 노점온도)로 인하여 얼지 않게 발생하는 현상

해설 & 답 — Explanation & Answer

① 습구온도 ② 낮아 ③ 건구온도 ④ 높아 ⑤ 노점온도

Question 06

보일러 외처리법 중 용해고형물을 처리하는 방법 3가지를 쓰시오.

해설 & 답

① 이온교환법 ② 약제법 ③ 증류법

보충 ① 용존산소 제거법 : 탈기법, 기폭법
② 불순물 제거법(현탁질 고형물 제거법) : 침전법, 여과법, 응집법

Question 07

보일러 자동제어에서 처음 정해진 순서에 의해 제어의 각 단계를 순차적으로 제어하는 것을 무엇이라 하는가?

해설 & 답

시퀀스 제어

보충 피드백 제어 : 출력측의 신호를 입력측으로 되돌려 정정동작을 행하는 제어

Question 08

원심펌프에서 송출량이 0.2m³/s이고, 효율이 80%일 때 45m 높이로 송출할 때 다음 물음에 답하시오.

(1) 축동력을 구하시오.
(2) 임펠러 회전수를 1000rpm에서 1200rpm으로 증가시 축동력을 구하시오.

해설 & 답

(1) $kW = \dfrac{\gamma \times Q \times H}{102 \times 효율} = \dfrac{1000 \times 0.2 \times 45}{102 \times 0.8} = 110.29 kW$

(2) $kW_2 = 110.29 \times \left(\dfrac{1200}{1000}\right)^3 = 190.58 kW$

Question 09

보일러에서 공연비 제어시 배기가스를 측정하여 공기량을 제어할 때 측정해야 할 가스의 종류 3가지를 쓰시오.

해설 & 답

① CO ② CO_2 ③ O_2

Question 10

주철제 방열기 형식이 5세주형, 높이가 650mm, 쪽수가 20개, 유입관의 지름이 20mm, 유출관의 지름이 25mm일 때 방열기 도시기호는?

해설 & 답

$$\begin{array}{c} 20 \\ \hline 5-650 \\ \hline 20 \times 25 \end{array}$$

Question 11

보일러 설치검사 기준 중 가스용 보일러의 연료배관과의 거리는?
① 배관이음부와 전기계량기, 전기개폐기 :
② 배관이음부와 전기접속기, 전기점멸기 :
③ 배관이음부와 절연전선 :

해설 & 답

① 60cm 이상
② 30cm 이상
③ 10cm 이상

Question 12

시간당 급수량이 20ton이고, 연료사용량이 150kg/h, 연료의 발열량이 10000kcal/kg, 온수의 온도 90℃, 급수온도 20℃일 때 보일러 효율은?

해설 & 답

효율 = $\dfrac{G \times C \times \Delta t}{Gf \times Hl} \times 100 = \dfrac{20 \times 1000 \times (90-20)}{150 \times 10000} \times 100 = 70\%$

Question 13

연료소비량 50kg/h, 전열면적이 30m², 증기발생량이 5ton/h이고, 발생증기엔탈피 650kcal/kg, 급수엔탈피 40kcal/kg일 때 다음 물음에 답하시오.

(1) 전열면 증발율(kg/m²h)
(2) 전열면 열부하율(kW/m²)

해설 & 답

(1) 전열면 증발율(kg/m²h) = $\dfrac{G}{A} = \dfrac{5 \times 1000 \text{kg/h}}{30\text{m}^2} = 166.67 \text{kg/m}^2\text{h}$

(2) 전열면 열부하율(kW/m²) = $\dfrac{G \times (h'' - h')}{A} = \dfrac{5 \times 1000 \times (650 - 40)}{30\text{m}^2}$

$= 101666.67 \text{kcal/m}^2\text{h}$

∴ $\dfrac{101666.67 \text{kcal/m}^2\text{h}}{860 \text{kcal/h}} = 118.21 \text{kW/m}^2$

Question 14

설치 제작시 부착된 페인트, 유지, 녹 등을 제거하기 위하여 소다계통 등의 약액을 주입하는데 약품 3가지를 쓰시오.

해설 & 답

① 가성소다   ② 탄산소다   ③ 제3인산소다

※ 기능장 실기 문제는 수험생분들의 이야기를 토대로 만들기 때문에 문제가 상이할 수 있음을 알려드립니다.

2020년도 제 68 회

Question 01
보일러 열정산의 목적 3가지를 쓰시오.

해설 & 답

① 열의 손실 파악   ② 열설비의 성능 능력 파악
③ 열정산의 기초 자료   ④ 조업 방법 개선

Question 02
보일러 열정산에서 출열 항목 4가지만 쓰시오.

해설 & 답

① 배가스의 손실열   ② 불완전연소에 의한 손실열
③ 미연분에 의한 손실열   ④ 방사에 의한 손실열
⑤ 발생증기 보유열

보충 입열 항목
① 연료의 현열   ② 연료의 연소열
③ 급수의 현열   ④ 공기의 현열
⑤ 노내 분입증기 보유열

Question 03

배관이음방법에 따른 도시기호를 표시하시오.
① 나사이음 :   ② 용접이음 :
③ 플랜지이음 :   ④ 유니온이음 :

해설 & 답

① ——|——
② ——×——
③ ——||——
④ ——|||——

Question 04

배관 내부에 흐르는 물의 속도가 5m/s일 때 수두로 몇 m인가?

해설 & 답

$$H = \frac{V^2}{2g} = \frac{5^2}{2 \times 9.8} = 1.28\text{m}$$

Question 05

보일러 고·저수위 경보장치 4가지를 쓰시오.

해설 & 답

① 부자식(플로우트식)   ② 자석식   ③ 전극식   ④ 열팽창식

06 노통연관 보일러 내부의 스케일을 제거하는 도구 2가지를 쓰시오.

① 스케일 햄버 ② 와이어 브러쉬 ③ 스크레퍼

07 외처리 방법 중 기폭법(폭기법)으로 제거할 수 있는 불순물 3가지를 쓰시오.

① 철 ② 망간 ③ 탄산가스

08 메탄 5kg을 연소 시 필요한 이론공기량을 구하시오. (단, 공기 중 산소 농도는 23%이다.)

$$CH_4 + 2O_2 \rightarrow CO_2 + 2H_2O$$

16kg   2×32kg   44kg   2×18kg
22.4Nm³   2×22.4Nm³   22.4Nm³   2×22.4Nm³

16kg = 2×32kg
5kg = x $x = \dfrac{5kg \times 2 \times 32kg}{16kg} = 20kg$

$A_o = \dfrac{O_o}{0.232} = \dfrac{20}{0.232} = 86.21 kg$

Question 09
캐리오버 현상을 쓰시오.

해설 & 답

주 증기 밸브 급개로 인하여 증기 중의 수분이 함께 관내로 이동되는 현상

Question 10
로터리식 파이프 벤딩 머신에 의한 관벤딩 시 관이 파손되는 원인 3가지를 쓰시오.

해설 & 답

① 곡률 반지름이 너무 작다.
② 재료에 결함이 있다.
③ 받침쇠가 너무 나와 있다.

Question 11
중량비로 조성이 탄소(C) 80%, 수소(H) 10%, 황(S) 3%인 석탄 150kg을 연소 시 이론산소량(Nm³)은 얼마인가?

해설 & 답

$$\text{이론산소량}(O_o) = 1.867C + 5.6\left(H - \frac{O}{8}\right) + 0.7S$$
$$= (1.867 \times 0.8 + 5.6 \times 0.1 + 0.7 \times 0.03) \times 150$$
$$= 207.46 \text{Nm}^3$$

$$\text{이론공기량}(A_o) = 8.89C + 26.67\left(H - \frac{O}{8}\right) + 3.33S$$
$$= (8.89 \times 0.8 + 26.67 \times 0.1 + 3.33 \times 0.03) \times 150$$
$$= 987.89 \text{Nm}^3$$

Question 12

1일 가동시간이 8시간인 보일러 수의 허용농도가 2500ppm, 급수 중의 염화물 농도가 20ppm, 시간당 급수량이 1000L이고, 시간당 응축수 회수량이 380L일 때 분출량 kg/day를 계산하시오.

해설 & 답

① 응축수 회수율 = $\dfrac{\text{응축수 회수량}}{\text{급수량}} = \dfrac{380}{1000} = 0.38$

② 1일 분출량 = $\dfrac{W(1-R)d}{r-d} = \dfrac{(1000 \times 8) \times (1-0.38) \times 20}{2500 - 20}$
   $= 43.87 \text{kg/day}$

Question 13

다음 설명하는 공구 및 기계의 명칭을 보기에서 찾아 쓰시오.

〈보기〉 사이징툴, 링크형 파이프 커터, 파이프 커터, 봄볼, 다이헤드형 나사 절삭기

① 주철관용 절단공구 :
② 동관 끝부분을 원형으로 정형 :
③ 강관을 절단 시 사용 :
④ 연관에서 주관에 구멍을 뚫는데 사용 :
⑤ 나사가공 전용기계로 나사가공, 거스러미 제거, 관의 절단 :

해설 & 답

① 링크형 파이프 커터
② 사이징툴
③ 파이프 커터
④ 봄볼
⑤ 다이헤드형 나사 절삭기

Question 14

팽창 도중의 증기를 터빈에서 추출하여 급수의 가열에 사용하는 사이클은 무엇인가?

해설 & 답

재생사이클

※ 기능장 실기 문제는 수험생분들의 이야기를 토대로 만들기 때문에 문제가 상이할 수 있음을 알려드립니다.

2021년도 제 69 회

Question 01
증기난방 분류시 응축수 환수방법에 의한 종류 3가지를 쓰시오.

해설 & 답

① 중력환수식
② 기계환수식
③ 진공환수식

- 배관방식에 의한 분류 : ① 단관식 ② 복관식
- 증기공급방식에 의한 분류 : ① 상향순환식 ② 하향순환식

Question 02
원심송풍기에서 풍량 조절방법 3가지를 쓰시오.

해설 & 답

① 회전수 가감에 의한 방법
② 베인컨트롤에 의한 방법
③ 바이패스에 의한 방법

Question 03

질량조성비가 80%, 수소 15%, 산소 5%인 연료 10kg을 공기비 1.2로 연소시키는데 필요한 실제공기량은 몇 Nm^3인가?

해설 & 답

① $A_o = 8.89C + 26.67\left(H - \dfrac{O}{8}\right) + 3.33S$

$= 8.89 \times 0.8 + 26.67\left(0.15 - \dfrac{0.05}{8}\right) + 3.33 \times 0$

$= 11.1125 Nm^3/kg \times 10kg = 111.125 Nm^3$

② 실제공기량$(A) = m \times A_o = 111.125 \times 1.2 = 133.35 Nm^3$

Question 04

안전밸브 및 압력방출장치의 크기는 호칭지름 20A 이상으로 할 수 있는데 25A 이상으로 할 수 있는 경우 5가지를 쓰시오.

해설 & 답

① 최고사용압력이 0.1MPa 이하의 보일러
② 최고사용압력이 0.5MPa 이하의 보일러로 동체의 안지름이 500mm 이하이고 동체의 길이가 1000mm 이하인 것
③ 최고사용압력이 0.5MPa 이하의 보일러로 전열면적이 $2m^2$ 이하의 것
④ 최대증발량이 5T/h 이하의 관류보일러
⑤ 소용량 강철보일러 및 소용량 주철제보일러

Question 05

소요동력이 20kW이고 효율이 90%이며 전양정이 20m인 원심펌프의 송출량(m^3/min)을 구하시오.

해설 & 답

$kW = \dfrac{\gamma \times Q \times H}{102 \times \eta \times 60}$

$Q = \dfrac{kW \times 102 \times \eta \times 60}{\gamma \times H} = \dfrac{20 \times 102 \times 0.9 \times 60}{1000 \times 20} = 5.51 m^3/min$

Question 06

석유계 기체연료의 종류 5가지를 쓰시오.

해설 & 답

① 액화석유가스 ② 대체천연가스
③ 나프타분해가스 ④ LPG변성가스
⑤ 오일가스

Question 07

캐리오버에는 선택적 캐리오버(selective carry over)와 기계적 캐리오버(machine carry over)로 구분할 수 있다. 이 중에서 선택적 캐리오버를 쓰시오.

해설 & 답

선택적 캐리오버 : 증기 속에 용해되어 있던 실리카 성분이 증기와 함께 송출되는 현상

보충
- 기계적 캐리오버 : 작은 물방울 또는 거품이 증기와 함께 송출되는 현상

Question 08

면적 25m²인 실내 바닥의 온도가 38℃, 실내온도가 18℃일 때 바닥으로부터 실내에 방출되는 방사에너지는 몇 W인가? (단, 방사율 0.9, 스테판볼쯔만의 상수 5.67×10^{-7} (W/m² · K⁴)이다.)

해설 & 답

$Q = A \cdot \epsilon \cdot K(T_1^4 - T_2^4)$
$= 25 \times 0.9 \times 5.67 \times 10^{-7} \{(273+38)^4 - (273+18)^4\}$
$= 27863.40W$

Question 09

증기트랩이 설치된 바이패스(by-pass) 배관도이다. ①~④번의 부품 명칭을 쓰시오.

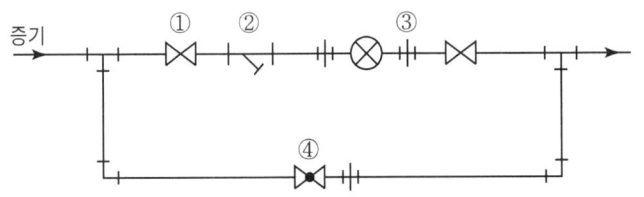

해설 & 답

① 게이트 밸브(슬로우스 밸브)
② 스트레이너(여과기)
③ 유니온
④ 글로우브 밸브

Question 10

압력이 450kPa의 증기를 이용하여 난방시 방열기에서 생성되는 응축수량(kg/m² · h)은 얼마인가? (단, 방열기는 표준방열량을 적용하며 450kPa 상태의 증기건도는 0.98, 포화수엔탈피 608.59kJ/kg, 포화증기엔탈피 2760.64kJ/kg이다.)

해설 & 답

① 증기의 응축잠열 계산
$$\gamma = x \times (h'' - h') = 0.98 \times (2760.64 - 608.59) = 2051.77 \text{kJ/kg}$$

② 응축수량 $= \dfrac{Q}{\gamma} = \dfrac{650 \times 4.2 \text{kJ/m}^2 \cdot \text{h}}{2051.77 \text{kJ/kg}} = 1.33 \text{kg/m}^2 \cdot \text{h}$

제 3 부 필답형 기출문제

Question 11

파이프렌치의 호칭규격은 무엇을 기준으로 하는지 쓰시오.

해설 & 답 — Explanation / Answer

입을 최대로 벌려 놓은 전장(길이)

Question 12

보일러에 부착된 스케일 등을 수작업으로 제거할 때 사용하는 기구 4가지를 쓰시오.

해설 & 답 — Explanation / Answer

① 스케일 햄머 ② 스케일 커터
③ 와이어 브러쉬 ④ 튜브클리너
⑤ 스크레이퍼

Question 13

수질을 나타내는 용어에 대한 설명에서 ( ) 안에 알맞은 용어를 쓰시오.

> 물이 산성인지 알칼리성인지를 수중의 수소이온(H^+)과 수산이온(OH^-)의 양에 따라 정해지는데 이것을 표시하는 방법이 (①) 이온지수 pH가 사용된다. 상온에서 pH가 7 미만은 (②), 7은 (③), 7을 초과하는 것은 (④)이다. 이상적인 보일러 급수 및 관수의 pH는 (⑤)이다.

해설 & 답 — Explanation / Answer

① 수소   ② 산성   ③ 중성
④ 알칼리성   ⑤ 약알칼리성

Question 14. 내화물에서 발생하는 스폴링(spalling) 현상을 쓰시오.

해설 & 답

박락현상이라고도 하며 내화물을 사용하는 도중에 온도의 급격한 변화나 가열, 냉각 때문에 갈라지든지 떨어져 나가는 현상

보충
① 버스팅(bursting) 현상 : 크롬철광을 원료로 하는 내화물이 1600℃ 이상에서 산화철을 흡수하여 표면이 부풀어 오르고 떨어져 나가는 현상
② 슬래킹(slacking) 현상 : 수증기를 흡수하여 체적변화를 일으켜 균열이 발생하거나 떨어져 나가는 현상

Question 15. 슐처보일러의 구조도에서 지시하는 부분의 명칭을 쓰시오.

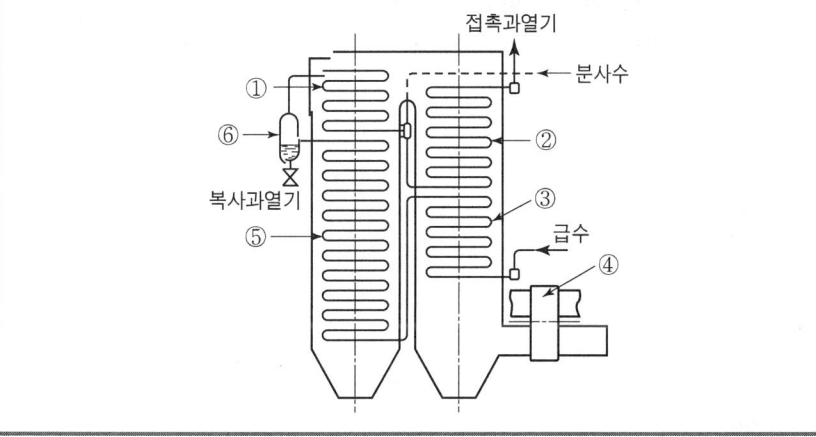

해설 & 답

① 과열저감기
② 절탄기
③ 대류과열기
④ 공기예열기
⑤ 증발관
⑥ 기수분리기

※ 기능장 실기 문제는 수험생분들의 이야기를 토대로 만들기 때문에 문제가 상이할 수 있음을 알려드립니다.

2021년도 제 70 회

Question 01 보일러 안전밸브의 증기누설 원인 5가지를 쓰시오.

해설 & 답

① 스프링 장력 감쇄시
② 조정압력이 낮은 경우
③ 밸브축이 이완된 경우
④ 밸브시트에 이물질 혼입시
⑤ 밸브시트의 가공불량시

Question 02 호칭 100A 배관이 옥내에 300m, 옥외에 400m로 설치 시 할증률을 적용한 배관 최대길이는 얼마인가?

해설 & 답

배관의 할증률은 옥내 및 옥외 배관 모두 10%를 적용하는 것으로 계산한다.
∴ 할증배관길이 = (300+400)×1.1 = 880m

03 강관을 벤딩할 수 있는 장비 2가지를 쓰시오.

① 램식
② 로터리식

04 배관재료 중 동관에 대한 다음 물음에 답하시오.
(1) 재질에 의한 분류 중 연질, 반연질, 경질의 기호를 각각 쓰시오.
(2) 두께에 의한 분류 3가지 중 두께가 두꺼운 것부터 차례로 쓰시오.

(1) ① 연질 : O   ② 반연질 : OL   ③ 경질 : H
(2) K형-L형-M형

05 실내온도가 24℃, 외기온도가 −5℃이며 벽체의 열관류율이 5.9 W/m²·℃인 건물의 난방부하는 계산하시오. (단, 천정, 바닥, 벽체 총 면적은 42m²이고 방위계수는 1.1이다.)

$Q = k \cdot A \cdot \Delta t$
$= 5.9 \times 42 \times (24-(-5)) \times 1.1$
$= 7904.82 \text{W}$

Question 06

보일러에 설치하는 안전밸브 및 압력방출 장치의 크기는 호칭지름 25A 이상이지만 20A로 할 수 있는 보일러도 있다. 20A 이상으로 할 수 있는 경우 규정 중 ( ) 안에 알맞은 숫자를 넣으시오.

(1) 최고 사용압력이 (①)MPa 이하의 보일러
(2) 최고 사용압력이 (②)MPa 이하이고 전열면적이 2m² 이하인 것
(3) 최고 사용압력이 0.5MPa 이하의 보일러로 동체의 안지름이 (③)mm 이하이며 동체의 길이가 (④)mm 이하인 것
(4) 최대증발량이 (⑤)T/h 이하인 관류보일러

해설 & 답

① 0.1 ② 0.5 ③ 500 ④ 1000 ⑤ 5

Question 07

수관식 보일러에서 손으로는 청소하지 못하는 곳에 증기분사, 공기분사, 물분사 등을 이용하여 전열면에 부착된 끄을음을 제거하는 장치를 무엇이러 하는가?

해설 & 답

슈튜블로우

 보충 사용시 주의사항
① 한 곳으로 집중적으로 사용함으로써 전열면에 무리를 가하지 말 것
② 부하가 적거나(50% 이하) 소화 후 사용하지 말 것
③ 분출기 내의 응축수를 배출시킨 후 사용할 것
④ 분출하기 전 연도 내 배출기를 사용하여 유인통풍을 증가시킬 것

종류
① 롱래트렉터블형(장발형) : 고온의 전열면 블로워
② 쇼트렉터블형(단발형) : 연소실 노벽 블로워
③ 건타입형 : 전열면 블로워
④ 로터리형 : 저온 전열면 블로워

Question 08

배관 도중에 설치하는 신축이음의 종류 5가지를 쓰시오.

해설 & 답

① 루프형 ② 슬리브형
③ 벨로우즈형 ④ 스위블형
⑤ 상온스프링

Question 09

증기 중에 혼입된 수분을 제거하여 건조증기를 얻기 위한 기수분리기의 종류 4가지를 쓰시오.

해설 & 답

① 사이클론식 ② 스크레버식
③ 건조스크린식 ④ 배플식

Question 10

진공환수식 증기난방법에서 보일러보다 방열기가 아래쪽에 설치되는 경우 수직입상관을 환수주관보다 1~2단계 낮은 관을 사용하여 응축수를 환수시키는 배관이음방법의 명칭을 쓰시오.

해설 & 답

리프트피팅

Question 11

다음 주어진 배관 평면도를 제시된 방위에 맞도록 등각투상도로 나타내시오.

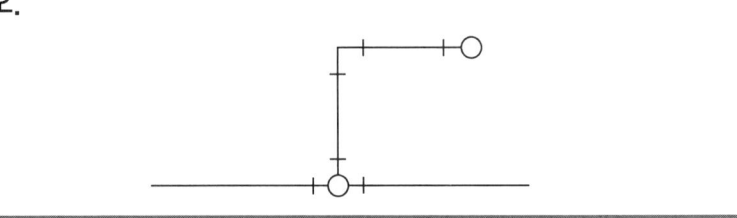

해설 & 답

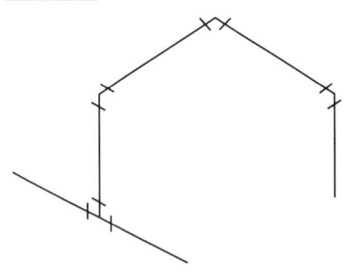

Question 12

설치제작 시 부착된 페인트, 유지, 녹 등을 제거하기 위해 동내부에 소다계통의 약액을 주입하고 가압하여 2~3일간 끓여 반복 분출하는 작업을 무엇이라 하는지 쓰시오.

해설 & 답

소다보링(소다 끓이기)

보충 사용약액
① 가성소다 ② 탄산소다 ③ 제3인산소다

Question 13

보일러 가동상태 점검 사항 중 매우 중요하기 때문에 운전 중 수시로 점검해야 할 사항 2가지를 쓰시오.

해설 & 답

① 수위   ② 압력

Question 14

보일러 외부청소방법 4가지를 쓰시오.

해설 & 답

① 스팀쇼킹법 ② 워터쇼킹법
③ 수세법   ④ 샌드블로우법

Question 15

인젝터 작동불능 원인 5가지를 쓰시오.

해설 & 답

① 급수온도가 높을 때(50℃ 이상시)
② 증기압력이 낮거나 높을 때
③ 증기 중의 수분 혼입시
④ 인젝터 노즐 불량시
⑤ 흡입측으로부터 공기 혼입시

※ 기능장 실기 문제는 수험생분들의 이야기를 토대로 만들기 때문에 문제가 상이할 수 있음을 알려드립니다.

2022년도 제 71 회

Question 01

보일러 관내처리법에 대한 다음 물음에 답하시오.
(1) 슬러지조정제의 종류 3가지를 쓰시오.
(2) 연화제의 종류 3가지를 쓰시오.

해설 & 답

(1) 리그닌, 녹말, 탄닌
(2) 인산소다, 탄산소다, 수산화나트륨(가성소다)

보충 pH조정제 : 인산소다, 암모니아, 수산화나트륨
   탈산소제 : 탄닌, 아황산소다, 히드라진
   가성취화방지제 : 리그닌, 황산소다, 인산소다, 탄닌

Question 02

배관의 지지 중 서포트의 종류 3가지를 쓰시오.

해설 & 답

① 스프링서포트   ② 리지드서포트
③ 롤러서포트   ④ 파이프슈

보충 행거의 종류 : 스프링행거, 리지드행거, 콘스탄트행거
   리스트레인의 종류 : 앵커, 스톱, 가이드

Question 03

다이헤드형 동력나사 절삭기로 작업할 수 있는 방법 3가지를 쓰시오.

해설 & 답

① 나사절삭(가공)   ② 거스러미 제거   ③ 파이프 절단

Question 04

부탄 1Nm³ 완전연소시 다음 물음에 답하시오.

(1) 이론산소량(Nm³)을 구하시오.
(2) 이론공기량(Nm³)을 구하시오.
(3) 이론공기량으로 연소 시 습연소가스량(Nm³)을 구하시오.

해설 & 답

(1) $C_4H_{10} + 6.5O_2 \rightarrow 4CO_2 + 5H_2O$
　　$22.4Nm^3$　$6.5 \times 22.4Nm^3$
　　$1Nm^3$　　　x

$$x = \frac{1Nm^3 \times 6.5 \times 22.4Nm^3}{22.4Nm^3} = 6.5Nm^3/Nm^3(O_o)$$

(2) 이론공기량$(A_o) = \dfrac{O_o}{0.21} = \dfrac{6.5}{0.21} = 30.95Nm^3$

(3) 습연소가스량 $= CO_2 + H_2O + N_2 = \left(4 + 3 + 6.5 \times \dfrac{79}{21}\right) = 33.44Nm^3$

Question 05

캐리오버에는 선택적 캐리오버와 기계적 캐리오버로 구분하는데 각각에 대하여 쓰시오.

해설 & 답

① **선택적 캐리오버** : 증기 속에 용해되어 있던 실리카 성분이 증기와 함께 송출되는 현상
② **기계적 캐리오버** : 작은 물방울 또는 거품이 증기와 함께 송출되는 현상

Question 06

전극식 수위검출기 점검주기에 관한 설명 중 ( ) 안에 알맞은 내용을 쓰시오.

(1) 충전시험 및 절연저항은 (①)년에 1회 이상 측정한다.
(2) 검출층 내의 분출은 (②)일 1회 이상 실시한다.
(3) 검출층은 (③)개월에 1회 정도 분해하여 내부청소를 실시한다.

해설 & 답

① 1 ② 1 ③ 6

Question 07

보일러 내면에 발생하는 점식을 방지하는 방법 3가지를 쓰시오.

해설 & 답

① 관수의 용존산소를 제거한다.(보일러수)
② 보일러 내면에 방청도장, 보호피막을 없앤다.
③ 약한 전류를 통전시킨다.
④ 보일러 내에 아연판을 매달아 놓는다.

Question 08

용접부의 잔류응력 완화법 4가지를 쓰시오.

해설 & 답

① 노내풀림법　　② 국부풀림법
③ 기계적 응력완화법　　④ 저온응력완화법
⑤ 피닝법

Question 09

보일러 보존방법이다. 다음 물음에 답하시오.
(1) 건조보존법에 사용되는 건조제 종류 4가지를 쓰시오.
(2) 만수보존법에 사용되는 첨가약품 3가지를 쓰시오.

해설 & 답

(1) ① 생석회　　② 염화칼슘
　　③ 실리카겔(이산화규소)　　④ 활성알루미나(산화알루미늄)
(2) ① 가성소다　② 아황산소다　③ 암모니아

Question 10

두께가 200mm인 콘크리트의 열전도율이 1.8W/m·K에 두께가 15mm인 석고판 열전도율이 0.3W/m·K을 부착하였다. 실내측 표면열전달율 8.6W/m·K, 실외측 표면전달율은 24.3W/m·K일 때 열관류율($W/m^2 \cdot K$)은 얼마인가?

해설 & 답

$$k = \frac{1}{\frac{1}{\alpha_1} + \frac{d_1}{\lambda_1} + \frac{d_2}{\lambda_2} + \frac{1}{\alpha_2}} = \frac{1}{\frac{1}{8.6} + \frac{0.2}{1.8} + \frac{0.15}{0.3} + \frac{1}{24.3}} = 1.30 W/m^2 \cdot K$$

Question 11

다음 ( ) 안에 알맞은 내용을 쓰시오.

급수밸브 및 체크밸브의 크기는 10m² 이하의 보일러에서는 호칭 (①) 이상이고 10m²를 초과하는 보일러에서는 호칭 (②) 이상이어야 한다.

해설 & 답

① 15A   ② 20A

보충
- 안전밸브의 크기 : 25A 이상
  ① 전열면적이 5m² 이하 : 25A 이상
  ② 전열면적이 5m² 초과 : 30A 이상
- 송수관 및 환수관의 크기 : 32A 이상

Question 12

보일러가 [보기]의 조건으로 운전 시 물음에 답하시오.

[보기]
- 시간당 증기발생량 2000kg
- 연료의 저위발열량 42MJ
- 시간당 연료소비량 150kg
- 발생증기엔탈피 2520kJ/kg
- 급수엔탈피 80kJ/kg

(1) 상당증발량(kg/h)을 구하시오.
(2) 보일러 효율을 구하시오.

해설 & 답

(1) $Ge = \dfrac{G \times (h'' - h')}{2256} = \dfrac{2000 \times (2520 - 80)}{2256} = 2163.12 \text{kg/h}$

(2) $\eta = \dfrac{G \times (h'' - h')}{G_f \times H_l} \times 100 = \dfrac{2000 \times (2520 - 80)}{150 \times 42 \times 10^3} \times 100 = 77.46\%$

Question 13

내압을 받는 원통형 탱크의 안지름이 1500mm, 강판두께가 15mm, 최고사용압력이 1.2MPa이고 이 탱크의 이음효율이 80%일 때 강판의 허용인장응력(N/mm²)은 얼마인가?

해설 & 답

$t = \dfrac{PD}{2\sigma_a\eta - 1.2P} + C$ 에서 $15 = \dfrac{1.2 \times 1500}{2 \times \sigma_a \times 0.8 - 1.2 \times 1.2}$

$1.2 \times 1500 = 15(2 \times \sigma_a \times 0.8 - 1.2 \times 1.2)$

$1800 = 24\sigma_a - 21.6$

$1821.6 = 24\sigma_a$

$\therefore \sigma_a = \dfrac{1821.6}{24} = 75.9 \text{N/mm}^2$

Question 14

다음 주어진 배관평면도를 제시된 방위에 맞도록 등각투상도로 나타내시오.

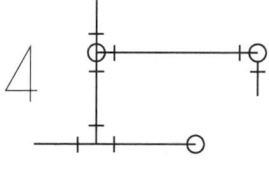 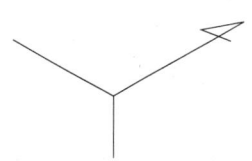

해설 & 답

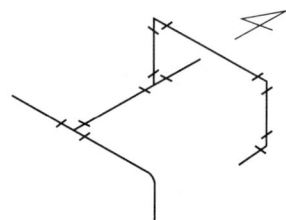

※ 기능장 실기 문제는 수험생분들의 이야기를 토대로 만들기 때문에 문제가 상이할 수 있음을 알려드립니다.

2022년도 제 72 회

Question 01
관내처리 중 탈산소제의 종류 3가지를 쓰시오.

해설 & 답

① 탄닌 ② 아황산소다 ③ 히드라진

Question 02
보일러 연소 시 공기바가 적을 때 나타나는 현상 3가지를 쓰시오.

해설 & 답

① 불완전연소에 의한 매연발생량 증가
② 열손실이 증가
③ 미연가스로 인한 역화의 위험이 있다.

보충 공기비가 클 때 나타나는 현상
① 연소실 내의 온도 저하
② 연료소비량 증가
③ 배기가스로 인한 열손실 증가
④ 배기가스 중 질소화합물(NO, NO_2)이 많아져 대기오염 초래

Question 03

보일러 운전 중 발생하는 장해 중 프라이밍(priming) 현상을 쓰시오.

해설 & 답

과열, 고수위, 압력변화 등으로 인해 수면에서 물방울이 튀어오르며 수면을 불안전하게 만드는 현상

Question 04

가압수식 집진장치의 종류 3가지를 쓰시오.

해설 & 답

① 벤튜리스크레버 ② 사이클론스크레버
③ 충전탑   ④ 제트스크레버

Question 05

액체연료를 사용하는 보일러를 열정산할 때 연료사용량을 측정하는 방법 3가지를 쓰시오.

해설 & 답

① 용량탱크식   ② 용적식 유량계   ③ 중량탱크식

Question 06

펌프 운전 시 유량이 2m³/min, 펌프에서 수면까지의 높이 6m, 펌프에서의 필요높이 15m, 감쇠높이가 3m이고 펌프의 효율이 80%일 경우 축동력(kW)은 얼마인가?

해설 & 답

$$kW = \frac{\gamma \times Q \times H}{102 \times \eta} = \frac{\gamma \times Q \times H}{102 \times \eta \times 60} = \frac{1000 \times 2 \times (15+6+3)}{102 \times 0.8 \times 60} = 9.8 kW$$

Question 07

보일러 가스누설시험 방법에 대한 다음 내용 중 ( ) 안에 알맞은 내용을 넣으시오.

내부 누설시험을 자기압력기록계로 시험할 경우에는 밸브를 잠그고 압력발생기구를 사용하여 천천히 공기 또는 불활성가스 등으로 최고사용압력의 (①)배 또는 (②)kPa 중 높은 압력 이상으로 가압한 후 (③)분 이상 유지하여 압력의 변동을 측정한다.

해설 & 답

① 1.1   ② 8.4   ③ 24

Question 08

보일러 열정산에서 입열항목 4가지, 출열항목 4가지를 쓰시오.

해설 & 답

(1) **입열항목**
① 연료의 연소열
② 연료의 현열
③ 급수의 현열
④ 공기의 현열
⑤ 노내분입증기 보유열

(2) **출열항목**
① 배기가스 손실열
② 불완전연소에 의한 손실열
③ 미연분에 의한 손실열
④ 방사에 의한 손실열
⑤ 발생증기 보유열

Question 09

보일러수에 함유되어 있는 성분 중 Ca, Mg으로 인해 생기는 스케일 종류 5가지를 쓰시오.

해설 & 답

① 황산칼슘
② 황산마그네슘($MgSO_4$)
③ 중탄산칼슘(탄산수소칼슘, $Ca(HCO_3)_2$)
④ 중탄산마그네슘(탄산수소마그네슘, $Mg(HCO_3)_2$)
⑤ 염화마그네슘
⑥ 규산칼슘

Question 10

저위발열량이 40810kJ/kg인 연료를 시간당 600kg 사용하여 0.6MPa 상태의 증기를 8000kg/h 발생시키는 보일러의 효율을 증기표를 이용하여 구하시오.(단, 급수엔탈피는 104kJ/kg, 발생증기 건도는 0.9이다)

증기압력(MPa)	포화수엔탈피(kJ/kg)	증기엔탈피(kJl/kg)
0.5	640.2	2750.1
0.6	670.4	2758.4
0.7	698.16	2765.6

해설 & 답

① 습포화증기 엔탈피$(h_2) = h' + \chi(h'' - h')$
$$= 698.16 + 0.9(2765.6 - 698.16)$$
$$= 2558.856 \text{kJ/kg}$$

② 보일러 효율$(\eta) = \dfrac{G \times (h'' - h')}{G_f \times H_l} \times 100$
$$= \dfrac{8000 \times (2558.856 - 104)}{600 \times 40810} \times 100 = 80.20\%$$

Question 11

배관의 접합부로부터 누설을 방지하기 위하여 사용하는 것이 패킹재이다. 다음 설명에 대한 패킹재를 각각 쓰시오.

① 합성수지 패킹의 대표적인 것으로 내열범위가 −260~260℃이며 약품배관, 기름배관에도 침식되지 않음
② 천연고무의 성질을 개선시킨 것으로 내열성, 내산성, 내유성이 좋고 기계적 성질이 양호하다.
③ 탄성이 크고 우수하며 흡수성이 없으나 열과 기름에 약하며 산알카리에 침식이 어렵다.

해설 & 답   Explanation & Answer

① 테프론   ② 합성고무   ③ 고무패킹

보충
(1) **플랜지 패킹의 종류**
① 고무패킹
  ㉠ 탄성은 우수하나 흡수성이 없다.
  ㉡ 산이나 알카리에는 강하지만 기름에 침식한다.
  ㉢ 100℃ 이상의 고온배관에는 사용할 수 없으며 주로 급배수용
  ㉣ 네오플렌의 합성고무는 내열범위가 −46~121℃로 증기배관에도 사용
② 석면 조인트 시트 : 광물질의 미세한 섬유로 450℃의 고온배관에 사용
③ 오일 실 패킹 : 한지를 내유 가공한 것으로 펌프 기어박스에 사용

(2) **나사용 패킹의 종류**
① 페인트
② 일산화연 : 페인트에 소량의 일산화연을 혼합사용. 냉매 배관에 많이 사용
③ 액상합성수지 : 내열범위가 −30~130℃ 정도로 약품에 강하고 내유성이 강해 증기, 기름, 약품 배관에 사용

(3) **글랜드 패킹** : 밸브의 회전 부분에 기밀을 유지할 목적으로 사용
① 석면 각형 패킹 : 석면을 각형으로 짜서 만든 것으로 내열, 내산성이 좋아 대형밸브 그랜드로 사용
② 석면 얀 : 석면을 꼬아서 만든 것으로 소형밸브, 수면계 콕에 주로 사용
③ 아마존 패킹 : 면포와 내열고무 콤파운드를 기공 성형한 것으로 압축기용 그랜드에 사용
④ 몰드 패킹 : 석면, 흑연, 수지 등을 배합 성형한 것으로 밸브, 펌프 등의 그랜드에 사용

Question 12

다음 보기에서 설명하는 공구의 명칭을 쓰시오.

[보기]
- 사이즈는 150mm, 200mm, 300mm, 600mm, 1000mm
- 크기는 죠(jaw)를 벌린 최대 길이
- 강관의 조립 및 분해 시 사용

해설 & 답

파이프렌지

Question 13

다음은 보일러를 실내에 설치하는 기준에 대한 내용이다. ( ) 안에 알맞은 내용을 쓰시오.

(1) 연료를 저장할 때는 보일러 외측으로부터 2m 이상 거리를 두거나 (   )을 설치하여야 한다.
(2) 보일러실은 연소 및 환경을 유지하기에 충분한 (①) 및 (②)가 있어야 하며 (①)는 배기가스 덕트의 유효단면적 이상이어야 하고 도시가스를 사용하는 경우에는 (②)를 가능한한 높이 설치하여 가스가 누설되었을 때 체류하지 않는 구조이어야 한다.
(3) 보일러에 설치된 계기 등을 육안으로 관찰하는데 지장이 없도록 충분한 (   )이 있어야 한다.
(4) 보일러 동체 최상부로부터 천정, 배관 등 보일러 상부에 있는 구조물까지의 거리는 (   ) 이상이어야 한다.

해설 & 답

(1) 방화격벽
(2) ① 급기구   ② 환기구
(3) 조명시설
(4) 1.2m

※ 기능장 실기 문제는 수험생분들의 이야기를 토대로 만들기 때문에 문제가 상이할 수 있음을 알려드립니다.

2023년도 제 73 회

Question 01
수면계 점검순서를 쓰시오.

① 물콕크와 증기콕크를 닫는다.
② 드레인콕크를 열어 수면계의 물을 드레인시킨다.
③ 물콕크를 열고 점검 후 닫는다.
④ 증기콕크를 열고 확인 후 닫는다.
⑤ 드레인콕크를 닫는다.
⑥ 증기콕크를 연다.
⑦ 물콕크를 서서히 연다.

Question 02
일일기동시간이 8시간, 보일러수의 허용농도 300ppm, 급수 중 염화물의 농도 30ppm 이하, 시간당 급수량이 1000L이고 시간당 응축수 회수율은 34%이다. 일일분출량(L/day)은?

$$일일분출량(L/day) = \frac{x - (1-K)d}{\gamma - d}$$
$$= \frac{1000 \times 8 \times (1-0.34) \times 30}{3000 - 30} = 55.33 \text{L/day}$$

Question 03 보일러에 설치하는 안전밸브는 25A 이상으로 하나 20A 이상으로 할 수 있는 경우 5가지를 쓰시오.

해설 & 답 Explanation & Answer

① 최고사용압력이 0.1MPa 이하의 보일러
② 최고사용압력이 0.5MPa 이하이고 동체의 안지름이 500mm 이하 동체의 길이가 1000mm 이하인 보일러
③ 최고사용압력이 0.5MPa 이하의 보일러로서 전열면적이 2m² 이상의 보일러
④ 최대증발량이 5T/h 이하의 관류보일러
⑤ 소용량 강철제 보일러 및 주철제 보일러

Question 04 인젝터 작동불량 원인 4가지를 쓰시오.

해설 & 답 Explanation & Answer

① 급수온도가 높을 때(50℃ 이상시)
② 증기압력이 낮거나 높을 때(0.2MPa 이하 1MPa 초과)
③ 증기 중에 수분 혼입시
④ 인젝터 노즐 불량시
⑤ 체크밸브 불량시
⑥ 흡입관로 및 밸브로부터 공기유입이 있는 경우

Question 05

증기보일러에서 저수위 안전장치를 설치하는 최고사용압력은 몇 MPa인가?

해설 & 답

0.1MPa 초과

Question 06

히드라진의 반응식과 용도를 쓰시오.

해설 & 답

(1) 반응식 : $N_2H_4 + O_2 \rightarrow N_2 + 2H_2O$
(2) 용도 : 탈산소제

Question 07

옥외 도시가스배관 외부에 표시해야 할 사항 3가지를 쓰시오.

해설 & 답

① 최고사용압력
② 가스흐름방향
③ 사용가스명

Question 08

중유의 원소조성이 C : 85%, H : 12%, O : 3%일 경우 액체연료를 완전연소시키기 위한 실제공기량(Nm³/kg)을 구하시오. (단, 공기비는 1.2이다.)

해설 & 답

$$A_o = 8.89C + 26.67\left(H - \frac{O}{8}\right) + 3.33S$$

$$= 8.89 \times 0.85 + 26.67\left(0.12 - \frac{O}{8}\right) + 3.33 \times 0 = 10.656$$

$$A = m \times A_o = 1.2 \times 10.656 = 12.79 \mathrm{Nm^3/kg}$$

Question 09

고압력에 사용할 수 있고 응력이 생기며 곡률반경은 관지름의 6배 이상, 신축곡관이음이라고도 하는 신축이음을 쓰시오.

해설 & 답

루프형신축이음

Question 10

열정산시 연료사용량 측정(기체, 액체, 고체로 구분)
(1) 용적식 오리피스로 측정
(2) 수분증발을 피하기 위해 연소직전에 측정
(3) 중량탱크식 용량탱크식

해설 & 답

(1) 기체연료
(2) 고체연료
(3) 액체연료

Question 11

다음에서 설명하는 기계 및 공구의 명칭을 보기에서 찾아 쓰시오.

[보기] 다이헤드형 동력나사 절삭기, 쇠톱, 파이프커터, 링크형파이크커터, 드레서

(1) 연관 산화물 제거
(2) 강관을 절단시 사용
(3) 주철관용 절단공구
(4) 피팅홀의 간격 200mm, 250mm, 300mm
(5) 파이크절단, 나사가공, 거스러미 제거

Explanation & Answer

(1) 드레서
(2) 파이크커터
(3) 링크형파이프커터
(4) 쇠톱
(5) 다이헤드형 동력나사절삭기

Question 12

다음은 온수온돌의 시공순서이다. ( ) 안에 순서에 알맞은 작업명을 보기에서 골라 쓰시오.

[보기] 배관작업, 수압시험, 방수처리, 골재충진작업, 보일러 설치

배관기초 → (①) → 단열처리 → 받침제 설치 → (②) → 공기방출기 설치 → (③) → 팽창탱크 설치 → 굴뚝설치 → (④) → 온수순환시험 및 경사조정 → (⑤) → 시멘트모르타르 바르기 → 양생건조작업

Explanation & Answer

① 방수처리
② 배관작업
③ 보일러 설치
④ 수압시험
⑤ 골재충진작업

Question 13

양단 고정된 20cm 길이의 환봉을 20℃에서 80℃로 가열하였을 때 재료 내부에서 발생하는 열응력은 약 몇 MPa인가? (단, 재료의 선팽창계수는 11.05×10^{-6}/℃이며 탄성계수 E는 210GPa이다.)

해설 & 답 — Explanation & Answer

① 온도변화에 의한 신축량 계산

$$\Delta L = \alpha \cdot l \cdot \Delta t = 11.05 \times 10^{-6} \times 20 \times (80-20) = 0.01326 \text{cm}$$

② 열응력 계산

$$\sigma = \frac{\epsilon \times \Delta L}{L} = \frac{210 \times 10^3 \times 0.01326}{20} = 139.23 \text{MPa}$$

※ 기능장 실기 문제는 수험생분들의 이야기를 토대로 만들기 때문에 문제가 상이할 수 있음을 알려드립니다.

2023년도 제 74 회

Question 01

다음은 안전밸브설치에 대한 설명이다. 보기에서 찾아 쓰시오.

[보기] 1, 2, 3, 4, 5, 10, 30, 50, 100, U, T, L, 수평, 수직

(1) 증기보일러에는 (①)개 이상의 안전밸브를 설치한다.
    단, 전열면적이 (②)m² 이하인 증기보일러에는 (③)개 이상 설치하며 (④)형으로 부착한 보일러에는 안전밸브를 부착하지 않아도 된다.
(2) 안전밸브는 쉽게 검사할 수 있게 밸브측을 (⑤)으로 하여 가능한 보일러 동체에 직접 부착한다.

해설 & 답

① 2 ② 50 ③ 1 ④ U ⑤ 수직

Question 02

중량비 탄소 86%, 수소 13%, 황 1%의 중유를 공기비가 1.2로 완전연소시 단위질량당 실제공기량(Nm³/kg)은 얼마인가?

해설 & 답

$A = m \times A_o = 1.2 \times 14.45 = 17.34 \mathrm{Nm^2/kg}$

$A_o = 8.89\mathrm{C} + 26.67\left(\mathrm{H} - \dfrac{\mathrm{O}}{8}\right) + 3.33\mathrm{S}$

$\quad = 8.89 \times 0.86 + 26.67(0.13) + 3.33 \times 0.01$

$\quad = 14.45 \mathrm{Nm^3/kg}$

Question 03
배관의 신축이음의 종류 4가지를 쓰시오.

해설 & 답

① 루프형 신축이음
② 슬리브형 신축이음
③ 벨로우즈형 신축이음
④ 스위블형 신축이음

Question 04
보일러 과열원인 3가지를 쓰시오.

해설 & 답

① 스케일 부착시
② 저수위시
③ 관수농축시

Question 05
보일러 열정산시 출열 항목 3가지를 쓰시오.

해설 & 답

① 배기가스에 의한 손실열
② 불완전연소에 의한 손실열
③ 미연분에 의한 손실열
④ 방사에 의한 손실열

Question 06

급수처리 중 폭기법에서 제거해야 되는 장애 성분 3가지를 쓰시오.

해설 & 답

① 철 ② 망간 ③ 이산화탄소

Question 07

강철제보일러의 옥내설치기준이다. 다음 ( )를 채우시오.

연료를 저정할 때는 보일러 외측으로부터 (①)m 이상의 거리를 유지하고 소형보일러인 경우는 (②)m 이상의 거리를 두거나 반격벽을 설치한다.

해설 & 답

① 2
② 1

Question 08

수면계 점검순서를 쓰시오.

해설 & 답

① 물콕크와 증기콕크를 닫는다.
② 드레인콕크를 열어 수면계의 물을 드레인시킨다.
③ 물콕크를 열고 점검 후 닫는다.
④ 증기콕크를 열고 확인 후 닫는다.
⑤ 드레인콕크를 닫는다.
⑥ 증기콕크와 물콕크를 서서히 연다.

Question 09

다음 각 연료의 1Nm³ 연소시 필요한 이론공기량을 계산하시오.
(1) 메탄
(2) 부탄
(3) 프로판

Explanation & Answer

(1) $CH_4 + 2O_2 \rightarrow CO_2 + 2H_2O$
  16kg   2×32kg   44kg   2×18kg
  22.4Nm³   2×22.4Nm³   22.4Nm³   2×22.4Nm³

∴ 22.4Nm³ = 2×22.4Nm³
   1Nm³ = x

$$x = \frac{1Nm^3 \times 2 \times 22.4Nm^3}{22.4Nm^3} = 2Nm^3$$

∴ $A_o = \dfrac{O_o}{0.21} = \dfrac{2}{0.21} = 9.52 Nm^3/Nm^3$

(2) $C_4H_{10} + 6.5O_2 \rightarrow 4CO_2 + 5H_2O$
  58kg   6.5×32kg   4×44kg   5×18kg
  22.4Nm³   6.5×22.4Nm³   4×22.4Nm³   5×22.4Nm³

∴ 22.4Nm³ = 6.5×22.4Nm³
   1Nm³ = x

$$x = \frac{1Nm^3 \times 6.5 \times 22.4Nm^3}{22.4Nm^3} = 6.5Nm^3$$

∴ $A_o = \dfrac{O_o}{0.21} = \dfrac{6.5}{0.21} = 30.95 Nm^3/Nm^3$

(3) $C_3H_8 + 5O_2 \rightarrow 3CO_2 + 4H_2O$
  44kg   5×32kg   3×44kg   4×18kg
  22.4Nm³   5×22.4Nm³   3×22.4Nm³   4×22.4Nm³

∴ 22.4Nm³ = 5×22.4Nm³
   1Nm³ = x

$$x = \frac{1Nm^3 \times 5 \times 22.4Nm^3}{22.4Nm^3} = 5Nm^3$$

∴ $A_o = \dfrac{O_o}{0.21} = \dfrac{5}{0.21} = 23.8 Nm^3/Nm^3$

Question 10

일일기동시간이 8시간, 보일러수의 허용농도 300ppm, 급수 중 염화물의 농도 30ppm 이하, 시간당 급수량이 1000L이고 시간당 응축수 회수율은 34%이다. 일일분출량(L/day)은?

해설 & 답

일일분출량(L/day) $= \dfrac{x-(1-K)d}{\gamma-d}$

$= \dfrac{1000 \times 8 \times (1-0.34) \times 30}{3000-30} = 55.33 \text{L/day}$

Question 11

열정산에 의한 증기보일러의 보일러 효율 산정방법 2가지를 쓰시오.

해설 & 답

① 입출열법 $= \dfrac{\text{유효출열}}{\text{입열}} \times 100$

② 손실열법 $= \left(1 - \dfrac{\text{손실열}}{\text{입열}}\right) \times 100 = \left(\dfrac{\text{입열} - \text{손실열}}{\text{입열}}\right) \times 100$

Question 12

길이 30m, 내경이 50mm인 관에 중유가 90m/min의 속도로 흐를 때 마찰손실압력(kPa)를 구하시오. (단, 마찰계수는 0.96이다.)

해설 & 답

$H_L = \dfrac{flV^2}{2gd} = \dfrac{0.96 \times 30 \times 90^2}{2 \times 9.8 \times 0.05 \times 60} = 3967.346 \text{mmH}_2\text{O}$

∴ $10332 \text{mmH}_2\text{O} = 101.325 \text{kPa}$

$3967.346 \text{mmH}_2\text{O} = x$

$x = \dfrac{3967.346 \text{mmH}_2\text{O} \times 1\,1.325 \text{kPa}}{10332 \text{mmH}_2\text{O}} = 38.90 \text{kPa}$

Question 13
증기보일러의 온도계 설치위치 3가지를 쓰시오.

해설 & 답

① 급수입구의 급수온도계
② 급유입구의 급유온도계
③ 보일러 본체 배기가스 온도계
④ 절탄기, 공기예열기 입·출구 온도계
⑤ 과열기, 재열기 출구 온도계

Question 14
보일러 용량을 표시하는 방법 3가지를 쓰시오.

해설 & 답

① 정격출력　② 정격용량
③ 보일러마력　④ 상당증발량
⑤ 전열면적

※ 기능장 실기 문제는 수험생분들의 이야기를 토대로 만들기 때문에 문제가 상이할 수 있음을 알려드립니다.

2024년도 제 75 회

Question 01
인젝터 급수불량 원인 5가지를 쓰시오.

해설 & 답

① 급수온도가 높을 때
② 증기중의 수분 혼입시
③ 증기압력이 낮거나 높을 때
④ 인젝터 노즐 불량시
⑤ 부품이 마모되어 있는 경우

Question 02
다음에 설명하는 공구 및 기계의 명칭을 쓰시오.
① 주철관용 절단공구 :
② 나사가공 전용 기계로서 나사절삭, 거스러미제거, 파이프절단에 사용 :
③ 강관을 절단하는데 사용 :
④ 연관에서 주관에 구멍을 뚫을 때 사용 :
⑤ 동관의 끝부분을 원형으로 가공하는데 사용 :

해설 & 답

① 링크형 파이프 커터
② 다이헤드식 나사 절삭기
③ 파이프 커터
④ 봄볼
⑤ 사이징 투울

Question 03. 내화물에서 발생하는 스폴링(spalling) 현상을 쓰시오.

해설 & 답

박락현상이라 하며 내화물이 사용하는 도중에 온도의 급격한 변화로 인하여 갈라지든지 떨어져 나가는 현상

Question 04. 수관식 보일러에서 연소실에 베플판(baffle plate)를 설치하는 목적을 쓰시오.

해설 & 답

배기가스 흐름을 조절하여 열회수와 보일러수의 순환을 양호하게 한다.

Question 05. 보일러 급수중 현탁질 고형물을 처리하는 방법 3가지를 쓰시오.

해설 & 답

① 침전법   ② 여과법   ③ 응집법

보충 관외처리법
① 용존산소 제거법 : ㉠ 탈기법 : CO_2, O_2 제거
　　　　　　　　　 ㉡ 기폭법 : 철, 망간제거
② 용해고형물 제거법 : ㉠ 이온교환법 ㉡ 약제법 ㉢ 증류법

Question 06

강철제보일러의 최고사용압력이 0.6MPa일 때 수압시험압력은 몇 MPa인가?

해설 & 답

① 최고사용압력이 0.43MPa 이하 : 최고사용압력 ×2
② 최고사용압력이 0.43MPa 초과 1.5MPa 이하 : 최고사용압력 ×1.2+0.3
③ 최고사용압력이 1.5MPa 초과 : 최고사용압력 ×1.5
∴ $0.6 \times 1.5 = 0.9$ MPa

Question 07

독일경도에 대하여 쓰시오.

해설 & 답

수중의 칼슘(Ca)과 마그네슘(Mg) 이온의 양을 산화칼슘(CaO)의 양으로 환산해서 나타내는 것으로 물 100cc 중 CaO가 1mg 포함된 것을 1°dH라 한다.

Question 08

온수 및 증기난방에서 수평배관 시공시 지름이 서로 다른 관을 연결 시 응축수 등과 같은 물이 고이는 것을 방지할 때 사용하는 부속품의 명칭을 쓰시오.

해설 & 답

편심 레듀샤

Question 09

다음 보기에서 주어진 내용으로 1일 분출량 계산식을 쓰시오.

〈보기〉 X : 1일 분출량(L/day)
r : 보일러수의 고형분
d : 급수 중의 고형분(ppm)
R : 응축수 회수율, 1일 급수량(L/day)

해설 & 답

$$X = \frac{W(1-R)d}{r-d}$$

Question 10

보일러 관내처리 중 탈산소제의 종류 3가지를 쓰시오.

해설 & 답

① 탄닌 ② 아황산소다 ③ 히드라진

보충
① **pH조정제** : ㉠ 인산소다 ㉡ 암모니아 ㉢ 수산화나트륨
② **연화제** : ㉠ 인산소다 ㉡ 탄산소다 ㉢ 수산화나트륨
③ **슬러지 조정제** : ㉠ 리그닌 ㉡ 녹말 ㉢ 탄닌
④ **가성취화방지제** : ㉠ 리그닌 ㉡ 황산소다 ㉢ 탄닌 ㉣ 인산소다

Question 11

조성이 탄소 80w%, 수소 12w%, 황 5w%, 회분 3w%인 석탄을 연소시 이론공기량(Nm³/kg)은 얼마인가?

해설 & 답

$$A_o = 8.89C + 26.67\left(H - \frac{O}{8}\right) + 3.33S$$
$$= 8.89 \times 0.8 + 26.67 \times 0.12 + 3.33 \times 0.05$$
$$= 10.48 \text{Nm}^3/\text{kg}$$

Question 12

도면과 같이 방열기를 이용한 온수난방에서 온수 순환량이 같도록 하기 위한 역환수관으로 환수관 배관을 완성하시오.

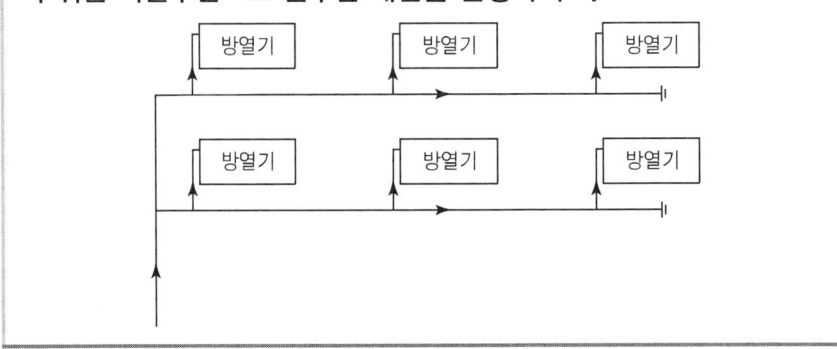

해설 & 답   Explanation Answer

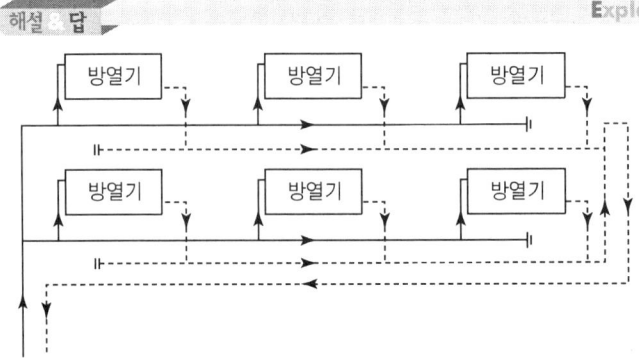

※ 점선으로 표시된 부분이 환수관 배관임

Question 13

복사난방의 장점 2가지와 단점 2가지를 쓰시오.

해설 & 답   Explanation Answer

장점 : ① 열손실이 적다.
② 실내온도 분포가 균일하여 쾌감도가 높다.
③ 공기대류가 적어 바닥면 먼지 상승이 없다.
④ 방열기가 필요하지 않으므로 바닥면의 이용도가 높다.

단점 : ① 초기 시설비가 많이 든다.
② 누수 등과 같은 고장을 발견하기 쉽다.
③ 외기온도 급변에 따른 방열량 조절이 어렵다.

Question 14

두께 250mm의 내화벽돌, 115mm의 단열벽돌, 250mm의 보통벽돌로 된 노의 평면 벽에서 내벽면의 온도가 1300℃이고 외벽면의 온도가 140℃일 때 노벽 1m²당 열손실(W)은? [단, 내화벽돌, 단열벽돌, 보통벽돌의 열전도도는 각각 1.3, 0.14, 0.8(W/m·℃)이다.]

해설 & 답

$$Q = K \times F \times \Delta t = 0.754 \times 1 \times (1300 - 140) = 874.64 \text{W}$$

$$K = \frac{1}{\frac{d_1}{\lambda_1} + \frac{d_2}{\lambda_2} + \frac{d_3}{\lambda_3}} = \frac{1}{\frac{0.25}{1.3} + \frac{0.115}{0.14} + \frac{0.25}{0.8}} = 0.754$$

Question 15

시간당 연료소모량이 500L인 보일러에 유예열기를 설치하려고 한다. 연료의 예열온도가 90℃, 입구온도가 50℃일 때 예열기 용량(kWh)을 구하시오. (단, 연료의 평균비열은 1.89kJ/kg·℃, 비중은 0.9, 예열기 효율은 85%이다.)

해설 & 답

1kW는 1kJ/s = 3600kJ/h

$$\text{kWh} = G_f \times C_f \times \frac{\Delta t}{3600} \times \eta = (500 \times 0.9) \times 1.89 \times \frac{90 - 50}{3600} \times 0.85$$
$$= 11.11 \text{kWh}$$

Question 16

보일러 급수제어방식에서 수위검출방법 4가지를 쓰시오.

해설 & 답

① 부자식 ② 전극식 ③ 열팽창식 ④ 차압식

※ 기능장 실기 문제는 수험생분들의 이야기를 토대로 만들기 때문에 문제가 상이할 수 있음을 알려드립니다.

2024년도 제 76 회

Question 01

신설 보일러에서 내부에 부착된 페인트, 유지, 녹 등을 제거하기 위하여 실시하는 소다 끓이기에 사용되는 약품을 3가지 쓰시오.

해설 & 답

① 가성소다   ② 탄산소다   ③ 인산소다(제3인산나트륨)

Question 02

연소실 용적이 3m³, 전열면적이 52.3m²인 보일러를 가동시 연료사용량이 205kg/h, 사용연료의 발열량이 40800kJ/kg, 실제증발량이 2700kg/h, 급수온도가 30℃, 발생증기 엔탈피가 2763kJ/h일 때 다음을 계산하시오. (단, 30℃ 급수엔탈피는 125.6KJ/kg이다.)

(1) 연소실 열발생률(kJ/m³h)을 구하시오.
(2) 환산증발량(kg/h)을 구하시오.

해설 & 답

(1) **연소실 열발생률**

$$= G_f \times \frac{H_l}{V} = 205 \times \frac{40800}{3} = 2788000 \text{kJ/m}^3\text{h}$$

(2) **환산증발량**(상당증발량)

$$= \frac{G(h_2 - h_1)}{2257} = \frac{2700(2763 - 125.6)}{2257} = 3155 \text{kJ/h}$$

Question 03

가성취화에 대해 설명하시오.

해설 & 답

고온 고압보일러에서 알칼리도가 높아져 생기는 Na, H 등이 강재의 결정입계에 침투하여 재질을 열화시키는 현상

Question 04

저위발열량이 45MJ/kg인 연료 1kg을 완전연소시켰을 때 연소가스의 평균 정압비열이 1.33kJ/kg이고 연소가스량은 20kg이 되었다. 연소용 공기 및 연료의 온도가 30℃일 때 단열 화염온도는 몇℃인가?

해설 & 답

먼저 1MJ = 1000kJ

$$T_2 = \frac{H_l}{G_s \times C_p} + T_1 = \frac{45 \times 1000}{20 \times 1.33} + (273 + 30) = 1994.729\text{K}$$

∴ 1994.729 − 273 = 1721.73℃

Question 05

보일러 정상운전시 비상사태로 긴급하게 운전을 정지하려고 한다. 가장 먼저 해야 할 조치는 무엇인지 쓰시오.

해설 & 답

연료공급을 정지한다.

Question 06

보일러설치 검사기준 중 가스용 보일러의 연료배관에 대한 내용이다. ( ) 안에 알맞은 용어 및 숫자를 쓰시오.

(1) 배관의 이음부와 전기계량기 및 (①)와의 거리는 (②)cm 이상 굴뚝(단열조치를 하지 아니한 경우에 한한다), 전기점멸기 및 전기접속기와의 거리는 (③)cm 이상, 절연전선과의 거리는 (④)cm 이상 절연조치를 하지 아니한 전선과의 거리는 30cm 이상의 거리를 유지하여야 한다.

(2) 배관은 외부에 노출하여 시공하여야 한다. 단, 동관, 스테인레스강관, 기타 내식성재료로서 (⑤) 없이 설치하는 경우에는 매몰하여 설치할 수 있다.

해설 & 답

① 전기개폐기 ② 60 ③ 30 ④ 10 ⑤ 이음매

Question 07

복사난방의 장점 2가지, 단점 2가지를 쓰시오.

해설 & 답

장점 : ① 방열기를 설치하지 않으므로 바닥면의 이용도가 높다.
② 공기대류가 적으므로 바닥면의 먼지 상승이 없다.
③ 실내가 개방된 상태에서도 난방효과가 있다.
④ 실내온도 분포가 균일하여 쾌감도가 높다.

단점 : ① 시공이나 수리가 어렵다.
② 초기 시설비가 많이 든다.
③ 누수등 고장을 발견하기 어렵다.
④ 외기온도 급변에 따른 방열량 조절이 어렵다.

Question 08

다음은 보일러 산세척을 하는 공정이다. 산세척순서를 번호로 쓰시오.
(단, 수세는 2회하는 것으로 한다)

〈보기〉 ① 전처리 ② 산액처리 ③ 중화방청처리 ④ 수세

해설 & 답

① → ④ → ② → ④ → 중화방청처리

Question 09

판을 굽힌 다음 굽힘 하중을 제거하면 탄성이 작용하여 원래상태로 회복하려는 탄성작용으로 굽힘량이 감소되는 현상이 무엇인지 쓰시오.

해설 & 답

스프링 백(spring back)

Question 10

수면계를 점검해야할 시기를 3가지 쓰시오.

해설 & 답

① 보일러 가동 전
② 2개의 수면계 수위가 다를 때
③ 수면계 수위가 의심스러울 때
④ 보일러 운전 중 프라이밍, 포밍 발생시

Question 11

유압식 로터리 파이프 벤딩 머시인의 특징 3가지를 쓰시오.

해설 & 답

① 동일 치수의 모양을 대량 생산이 가능하다.
② 압력배관용 탄소강관은 100A 가공이 가능하다.
③ 구부림 각도는 180°까지 가능하다.

Question 12

보일러 사용기술에 의한 보일러 정기점검의 시기 4가지를 쓰시오.

해설 & 답

① 연소실, 연도 등의 내화벽돌 등을 수리한 경우
② 중간에 청소를 할 때
③ 누수 그 외의 손상이 생겨서 보일러를 휴지한 경우
④ 계속사용안전검사를 하기 전

Question 13

난방부하가 20W인 경우 5세주 650mm의 주철제 온수방열기를 설치하는 경우 방열기 쪽수는? (단, 쪽당 방열면적은 0.25m²이고 방열량은 표준방열량으로 한다)

해설 & 답

$$\text{쪽수} = \frac{\text{난방부하}}{\text{표준방열량} \times \text{쪽당방열면적}} = \frac{20}{0.5232 \times 0.25} = 152.91$$

∴ 153쪽

Question 14

다음에 설명하는 트랩의 명칭을 쓰시오.

(1) 수격현상에 강하고 과열증기에도 사용할 수 있고 구조가 간단하여 고장이 적고 유지보수가 용이하다.
(2) 부하변동에 적응성이 좋고 응축수를 연속적으로 배출하고 공기도 자동으로 배출하고 겨울철에 잔류 응축수로 동파의 위험이 있다. 응축수가 유입되면 부자가 부력으로 떠오르며 밸브가 개방되면서 응축수를 배출하게 된다.
(3) 열팽창계수가 서로 다른 두 종류의 금속이 접합된 구조로 온도가 상승하면 두 금속의 열팽창계수가 다르기 때문에 금속편이 휘어지는 성질을 이용한 것
(4) 소형으로 다량의 응축수를 배출시킬 수 있지만 부식성 물질이나 수격작용에 고장이 발생할 수 있다. 주름진 원통형에 휘발성이 강한 에테르와 같은 액체가 봉입되어 있다
(5) 고압증기의 관말트랩이나 유닛히터 등에 많이 사용되며 응축수를 증기 압력에 의하여 밀어 올릴 수 있다.

해설 & 답

(1) 디스크식
(2) 부자식(플로우트식)
(3) 바이메탈식
(4) 벨로우즈식
(5) 버킷트랩

※ 기능장 실기 문제는 수험생분들의 이야기를 토대로 만들기 때문에 문제가 상이할 수 있음을 알려드립니다.

에너지관리기능장 실기 기출문제 총정리

초판 발행　　2024년 1월 20일
개정2판 발행　2025년 1월 31일

지은이 ▪ 최갑규
펴낸이 ▪ 홍세진
펴낸곳 ▪ 세진북스

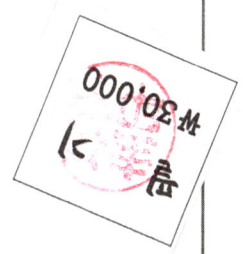

주소 ▪ (우)10207 경기도 고양시 일산서구 산율길 56(구산동 145-1)
전화 ▪ 031-924-3092
팩스 ▪ 031-924-3093
홈페이지 ▪ http://www.sejinbooks.kr

출판등록 ▪ 제 315-2008-042호(2008.12.9)
ISBN ▪ 979-11-5745-698-7   13550

값 ▪ 20,000원

- 이 책의 출판권은 도서출판 세진북스가 가지고 있습니다.
- 이 책의 일부 또는 전체에 대한 무단 복제와 전재를 금합니다.

세진북스에는 당신과 나
그리고 우리의 미래가 있습니다.